DESIGNING SMALL PARKS

生态小公园设计手册

[美] 安·福赛思
　　劳拉·穆萨基奥 著

杨至德 译

中国建筑工业出版社

著作权合同登记图字：01-2006-3819号

图书在版编目（CIP）数据

生态小公园设计手册／（美）福赛思，穆萨基奥著；杨至德译.
北京：中国建筑工业出版社，2007
ISBN 978-7-112-09494-3

Ⅰ.生... Ⅱ.①福... ②穆... ③杨... Ⅲ.公园－园林设计－手册 Ⅳ.TU986.2-62

中国版本图书馆CIP数据核字（2007）第111424号

Copyright © 2005 by John Wiley & Sons, Ltd.
Chinese Translation Copyright © China Architecture & Building Press
All rights reserved.This translation published under license.

Designing Small Parks: A Manual for Addressing Social and Ecological Concerns by Ann Forsyth and Laura Musacchio with Frank Fitzgerald

本书由美国John Wiley & Sons, Ltd.授权翻译出版

责任编辑：程素荣　戚琳琳
责任设计：郑秋菊
责任校对：李志立　孟　楠

生态小公园设计手册

[美] 安·福赛思　　　著
　　　劳拉·穆萨基奥
　　　杨至德　译

*

中国建筑工业出版社出版、发行（北京西郊百万庄）
各地新华书店、建筑书店经销
北京嘉泰利德公司制版
北京建筑工业印刷厂印刷

*

开本：850×1168毫米　1/16　印张：10¼　字数：289千字
2007年11月第一版　2012年10月第二次印刷
定价：35.00元
ISBN 978-7-112-09494-3
　　　（16158）

版权所有　翻印必究
如有印装质量问题，可寄本社退换
（邮政编码 100037）

致 谢

本书的编写有多位学者参与。经美国国家城市和社区森林咨询委员会（USDA）推荐，该项目得到美国农业部林务局城市和社区森林计划的资助。位于明尼苏达州明尼阿波利斯市的明尼苏达大学都市设计中心提供了资金支持。

下列人员为本书手稿的审阅付出了大量宝贵的时间，提出了许多中肯的建议，在此深表感谢。他们是：Katherine Crewe、Frederick Steiner、Paul Gobster、Jianguo Wu、Rachel Ramadhyani 和 Jody Yungers。约翰·威利出版公司审稿人（在此不一一列举），对该书提出了许多很好的建议，在此一并致谢。Chuck Stifter 帮助从明尼苏达娱乐休闲和公园协会获得了一些重要资料。感谢 Regina Bonsignore（曾在都市设计中心工作过），参照她早期的工作及相关研究项目，以小公园为中心的项目申请书框架得以形成。查斯卡（Chaska）市 Jeff Miller 先生，圣保罗市 Tim Agness 先生，伍德伯里（Woodbury）市 Bob Klatt 先生，伯奇伍德·维利奇（Birchwood Village）市公园和开放空间委员会，以及安德鲁－里弗赛德 Andrew-Riverside 长老会教堂，为该书的编写提供了很多有价值的资料。初稿送审给两个工作小组，一个隶属于明尼苏达娱乐休闲和公园协会，另一个隶属于国际景观协会美国分会、国家公园与娱乐休闲协会、美国风景园林协会和美国规划协会。

在项目组内部，安·福赛思（Ann Forsyth）负责项目的总体管理，包括项目建议书的起草修改、人文因素文献的搜集、相关的照片、草图以及社会方面的设计实例等。生态学文献的搜集、景观生态学和城市生态学的应用、草稿第二稿和部分草图、生态设计实例以及关键词的修订，由劳拉·穆萨基奥（Laura Musacchio）负责。有关野生动物文献的搜集注释、绘图以及各个工作小组所提出的设计实例的分析汇总，由弗兰克·菲茨杰拉德（Frak Fitzgerald）负责。在最初提交的草稿中，页面版式和一些图表的文字说明，也由弗兰克负责。

本书还得到如下人员的帮助，他们是：Katherine Thering，具体负责某些图面材料的绘制、安德鲁－里弗赛德长老会教堂的设计、图纸文字说明草稿、页面版式以及参考文献核对等；Wira Noeradi，负责了设计实例草图的绘制和场地资料的收集；David Lowe，进行了文献和版权核对工作。来自都市设计中心的学生，Joanne Richardson、Chelsa Johnson、Lindsey Johnson、Ian Kaminski-Coughlin、Malia Lee、Allison Rockwell 和 Jorge Salcedo，在图纸绘制和资料搜集方面也给予了帮助。

书中有大量的文字、文献以及图片材料的引用，感谢版权持有人的慨允。

目 录

致谢

小公园导言　1

第一篇　小公园规划与设计要素综述　8
　　第 1 章　大小、形状和数量　11
　　第 2 章　连接与边缘　18
　　第 3 章　外观及其他感官要素　25
　　第 4 章　自然性　32
　　第 5 章　水　37
　　第 6 章　植物　42
　　第 7 章　野生动物　47
　　第 8 章　气候与空气　53
　　第 9 章　活动与群体　58
　　第 10 章　安全　66
　　第 11 章　管理　70
　　第 12 章　公众参与　75
　　小结：小公园设计的经验　79

第二篇　小公园设计实例　80
　　实例一　新郊区公园的洪水管理
　　　　　　——明尼苏达州伍德伯里市鹰谷公园　82
　　实例二　为社区复兴而重新规划公园
　　　　　　——明尼苏达州圣保罗市卡斯蒂洛公园　88
　　实例三　郊区公园改造
　　　　　　——明尼苏达州伯奇伍德维利奇市泰格－施米茨公园　92
　　实例四　新建城镇广场
　　　　　　——明尼苏达州查斯卡市高地中心广场　98
　　实例五　市中心空闲地块的改造利用
　　　　　　——明尼苏达州明尼阿波利斯市安德鲁－里弗赛德临时性公园　102

第三篇　设计开发准则　106
第四篇　开发问题摘要　116

关键词　142
参考文献　145

小公园导言

小公园不仅是大多数邻里的重要组成部分，而且主要为人们提供各种娱乐休闲活动。随着人口的增长、文化传统的变化以及人们对生态重要性认识的不断提高，从事公园设计、公园改造和公园管理的人员，需要正确理解公园在城市公共开放空间和城市生态网络中所起的重要作用。

按照定义，小公园的占地面积有限，它们不可能满足人们的各种活动和各种自然过程对空间的潜在需求。本书的主要目的之一，是帮助公园的规划、设计和管理人员正确理解和运用小公园的多种潜能和局限性，把公园设计和管理得更好。

本书的编写目的

在大都市区，小公园扮演着重要角色。但在小公园规划设计中，却很少能够反映出当今人口、生态和景观方面的研究进展。这种和当今知识连接的不足并不奇怪，因为许多研究成果都零星地刊登在一些专业性期刊和学术报告中，并且有时有些成果又是相互矛盾的。此外，在两个关键领域——人文研究（人类与开放空间的相互作用）和生态研究之间，还存在着一道很深的鸿沟。这不仅仅是研究领域有所偏颇的问题，而且是一个带有全球性的普遍观念。

一方面，有关社会和人类因素的研究主要集中于人类的偏好和活动上。既关注那些被广泛接受的看法和观点，也注重人与人之间的不同与变化。研究人员最常关心的，是人类与自然的相互作用。在这里，自然是指那些植物占主导地位、建筑物不明显突出的区域。这类区域常被精心维护，有大量的人工培植区，如草坪和花坛。在这一领域的大多数研究人员通常试图深入地了解人类，以便其设计和管理办法能被大多数人所接受。

另一方面，生态学研究主要集中在大面积原始生境上，虽然最近也有一些有关复合生境和城市环境的研究。这一领域的研究，自然被定义为生境或生态系统，从农村到城市，城市意味着人类定居的区域。例如，科学家也研究城市森林。与人类因素研究相比，在这一领域，有大量的文献报导，获得的资助也越多。由于对环境破坏和生态系统健康问题的担心，许多研究文章都表达出一种强烈的紧迫感和道义上的重要性。同样，生态学家也常使用一些专业术语和行话，使在他们领域以外的人很难看懂。由于许多环境问题都是由人类引起的，这一领域的研究人员常把人类因素影响看作是负面的，他们更倾向于教育人们让"自然"回归其本来面貌。

然而，许多公园管理者和设计师，却想把两个研究领域融合起来，在设计和管理过程中，加进一些生态敏感性特征，以适应人们的变化发展，同时又能降低维护的成本。

本书广泛吸纳了两个方面的内容，提出了一些指导原则，以便把公园建造得更好。书中为景观建筑师、公园设计师、公园管理人员、规划师、科学家和公共团体提供了多种设计选择，可用于公园规划与设计过程以及其他重要步骤，如娱乐需求评估

在城市景观中，小公园随处可见，但因其在社会活动和自然保护方面的局限性，在邻里，它们常常是最具争议的空间之一。

和设施的细部设计等。在公园设计和公园改造的初期阶段，参与性设计和公众参与，可以帮助提出多种设计方案和妥协办法。

本书的组织安排

本书首先对一些关键性的问题进行了概括性的介绍，然后围绕12个核心主题，就小公园中常见的一些关键性问题、常见的矛盾和冲突，展开讨论。

对于每一个主题的处理手法基本相似，主要由三部分组成：①核心设计问题；②相关问题讨论；③多个设计和维护方案。末尾附有精选资料，与主题紧密相关，但因过于详细，无法融入到指导原则主体之中。每个主题都有图示，图下有较长的文字说明。即使偶尔翻一下书，通过看图和阅读文字说明，也能抓住每个主题的要点。每个主题都先从核心问题开始，这些核心问题与人类活动和场地的物理环境（包括大小、形状及自然性）密切相关，然后处理与物理环境和人文环境有关的问题。

本书给出了5个设计实例，并应用书中所提出的设计指导原则，提出了可供选择的设计方案。每一个实例都代表城市中某种常见情况。通过这些实例，来检验设计指导原则的可行性，展示在范围广泛的城市公园设计和城市公园改造中，如何强化公园的社会功能、生态功能以及社会功能与生态功能的同时兼顾。这五个设计实例是：带有洪水管理区的新建郊区公园的洪水管理；具有大量新移民的城市中心公园；具有重要娱乐休闲和生态功能、位于城郊地区的一个现有公园的改造设计；一个新建城镇广场；作为一个临时性公园的空地设计。

本书结尾对12个主题进行了总结，并形成了12份指导书，可以在公众参与过程中分发和使用。

项目组成员来自多个领域，包括景观建筑、城市规划、建筑学、景观生态、生态保护、城市生态和社会政策等领域。为了编写本书，作者查阅了大量的文章和书籍，但是只有在书中引用的文献才被列入参考文献目录之中。这些文献和材料，都经过公园和娱乐休闲、景观建筑、规划、景观生态、城市生态学有关领域的专家审阅，在多种教育论坛上演讲过，并且曾就两个公园的初步设计方案邀请当地居民进行了测试。

小公园的地位

与大型城市公园和乡村公园相比，小公园占地面积小，相对隔离，可提供的娱乐休闲活动有限，生态价值相对较低，在大城市和大都市的开放空间体系中，常被贬低为"过继子女"(stepchild)。之所以会有这样的认识，一个原因是150多年来，美国的开放空间规划设计，一直受奥姆斯特德(Olmstedian)传统大型城市公园的长期影响。奥姆斯特德的大公园概念，一直是开放空间规划设计的金色标准和支柱。随着城市中公园数量的增多以及它们与城市的融合，经过一个半世纪的发展，公园的设计理念已经发生了变化。正如克兰兹(Cranz,1982年)所指出的，150多年来，公园设计经历了几个发展阶段：休闲娱乐场所(1850-1900年)、变革性公园(1900-1935年)、娱乐休闲设施公园(1930-1965年)、开放空间体系(1965年-)和现在的生态或可持续性公园(Cranz &

典型的小公园通常都有游乐区、零星分布的树木和运动设施。同时，还为能发挥更大的社会和生态效益留有余地。

Boland,2004年）。在这五个阶段中，只有变革性公园可算作小公园，虽然其注意力仍然在大型公园和公园体系上。即使最近掀起了新城市主义思潮，着眼于对市中心地区的改造，但在许多公园专业设计师的头脑中，建设大公园的思想也没有改变。

然而，在资金有限和土地价值日益升高的情况下，小公园特别是位于中心城区的小公园，确实有许多有益之处，比如为邻近居民和社区提供娱乐休闲场所。在新开发地段，公园和市民广场能够带来舒适和惬意，体现出开发地段的特点特征。

有些新建小公园，常常按常规的方式种植植物、进行维护管理，虽然能创造比较宜人的环境，但其生态价值和对人口增长的适应能力却不强。这类小公园如再对其加以设计改造，即使是按常规方式种植植物，也能创造出更宜人的环境。在城市中，小公园的生态价值常被低估，但众多的小公园联合在一起，就具有不可估量的生态潜能。在一个区域生态系统和开放空间体系中，小公园是重要的组成部分。如果精心设计，具有多种用途、能满足多种使用者的需求，那么小公园也能创造出非常宜人的空间，适应日益增长的、多样化人口的需要。

新建小公园有助于增强和改善现有公园的生态和社会价值。面积在 2-2.4hm² 以下的小公园，在设计要素方面常常具有很强的一致性——游乐场地、草坪、零散分布的树木、球场和运动场。随着设施设备的损耗和娱乐休闲需求的变化，一般每隔20或30年，就需要对公园进行更新改造。这就为现有公园的重新设计提供了机会。有了大量的可信任的研究发现，尽管面临来自公众，甚至是公园维护管理者的怀疑，仍可对现有公园进行重新设计，以适应人口增长和生态方面的需求。

关键概念

经过大量的调查研究，我们发现，在小公园设计中，有一些概念，经常为社会学家、生态学家、城市森林学家、公园管理人员和公园设计师所使用。这些概念主要包括：公园大小、公园形状、公园数量、公园周围环境、公园所处的位置以及平衡与协调。

公园大小、形状和数量

小公园面积小，形状怪异，与周围公园和开放空间相对隔离，常被认为是其最主要的生态局限性，乃至社会局限性。

周围环境以及相互之间的连接在小公园中占有重要地位。图中的公园因工业区的存在，被切割孤立。

小公园为人们提供相互交流以及与自然交往的机会。

图中的小公园被住房所包围。假如公园以及邻近庭院种植大量植物，并且精心安排，那么，在公园与庭院之间就可创建一条缓冲带，小型动物就可通过缓冲带穿行，进而提高公园的生态价值。但如果公园的边界不清，就会带来许多社会问题，邻近居民有可能将公共空间据为己有。该公园虽然具有很重要的社会价值，能提供急需的玩乐空间，但通路有限，公众接近困难。

小公园的生态功能为许多生态学家所忽视。他们的兴趣主要集中在研究原始条件下的自然生态系统上，目的是为生态过程研究奠定基础。从这个方面来说，小公园难以满足他们所期望的目标，因为在小公园中，人类占主导地位，缺乏对照生态系统。小公园因其面积小，边缘生境比例高，外来物种多，常见物种多，养分循环也会发生改变。

在小公园中，空间受到严格的定义，人类的使用限制了其生态效益的发挥。不过，有关植物、动物、空气和水质以及整个生态网络和生态系统的最新研究表明，小公园确实能够发挥许多重要的生态效益。在城市环境中，与大型斑块（patch）不同，作为开放空间体系中的小型斑块，小公园可以改善开放空间以及自然区域的连通性。例如，小公园中的植物，对于一些的常见物种和边缘物种来说，是良好的栖息场所。或者，如果与周围的绿色通道和大公园有良好的连接，那么这些植物就可作为这些物种的踏脚石。

从社会学的观点来看，小公园的存在，使人们在日常生活中能有更多的机会接近自然、体验自然，几乎每天都可以与大自然接触。这里所说的"自然"是指广义上的。然而，小公园常常散布于城市中，单位面积维护成本高，缺乏许多在大公园中可以见到的设施，没有专职工作人员。不同人群之间在对设施的使用上常会发生竞争，不同活动之间在空间使用上也会发生冲突。

关于小公园的使用和管理，虽然面临着许多挑战，但是，经过精心设计，小面积的地块也能满足人们的多种需求和期望。此外，小公园面积小，就意味着投资收益高。虽然单位面积的投资比大公园高，但是由于使用强度高，人均成本低。

关于斑块大小、形状和隔离程度对小公园的影响，目前缺乏深入的研究。为了改善小公园的生态设计，这是一个亟待克服的问题。有些生态要素，如最低廊道宽度，由于文化上的差异，生态学家难以给出确切的指标，但公园设计师和经营管理人员又急需要有一个准确的指导性数据。希望生态学家、公园管理人员和设计师，加强对小公园的研究，使小公园既能发挥在开放空间体系和保护体系当中的生态作用，又能维持其重要的社会价值。

周围环境

从生态学的观点来看，周围环境，即本底景观或大范围的城市景观，影响着小公园的生态功能。最重要的要素之一，就是边缘效应。公园的边缘是突然断开的，还是与周围环境中的植被具有某种连接？用生态学的专业术语就是，是"硬边缘"，还是"软边缘"？在小公园与其周围环境之间设置植被缓冲带，有助于野生动物的扩散，降低野生动物种群的隔离程度。例如，小公园的边缘可以不直接面向街道，而是与邻近居住区中的植物相连接，就可以形成一条无缝缓冲带。* 目的是将生境质量从一个较低的水平，提高到中等水平。

设置"软边缘"就需要妥协平衡。用植被在公园外围建立缓冲带，人们接近使用街道的能力下降，在公园使用者与邻近居民之间还可能会增加矛盾和冲突。如果公园边缘面临道路，人们易于接近公园，公园的公共空间与邻近院落中的私人空间分别明显。无缝缓冲带能够给野生动物带来好处，但却有可能引起人与人之间的冲突。如何在二者之间建立一种良好的平衡协调，在城市景观和区域性开放空间体系中，取决于小公园周围的环境。

位置

有些小公园位于中心地带，位置优越，与周围地区和开放空间体系具有良好的连接，能充分展示设计技巧。如有河流穿过公园，不必将其埋于管道之中，可以开放自然流过，创造舒适宜人的社会和生态效果。

小公园能在一定程度上反映出当地气候情况。在温带地区，许多树木都可以提供遮荫，创建生境，草坪区还可以从事各种活动，而不是仅仅作为地被植物使用。在干旱地区，可由大灌木和小乔木提供遮荫，创建生境。所选的植物应具有较强的抗旱能力。无论是温带气候，还是干旱气候，为提高安全性，植被区都要尽可能开阔，不因过度修剪而降低生境质量。

有些小公园建在住房开发的剩余地块上。显然是在开发设计完成之后增设进去的，开发设计之前并没给小公园留出位置。这类小公园的典型特征是，在住房边缘、街道的尽头、一块孤零零的土地上，

---

* This is an example of integrating Lindenmayer's and Franklin's idea of matrix management (2002) from wildland management to the creation of a reserve system in urban and suburban contexts (also Dramstad et al. 1996).

有大面积的草地和几株皱皱巴巴的乔木，一派荒废颓败景象。与周围开放空间体系没有任何连接，没有人行步道和边道。

有些小公园要么社会效能好，要么生态效能好，但二者不能兼顾。例如，位于中心城区的公园，缺乏与周围开放空间体系，如园路或绿色通道的连接。这类公园，常有许多娱乐休闲性和文化设施，但缺乏与周围环境的自然连接，在生境方面的生态效能受到限制。有些小公园，有少量的残留林地和草地，用于保护生境和水质，但是数量太少，仅能产生一定的娱乐观赏效果。人们期望小公园既能够有较高的社会效能，又能够有较好的生态效能。对上述这类小公园稍加改造，如增加座凳、设置园路、建立与周围自然区域的连接等，就可具多种用途。

平衡协调

公园是人工建造的。人口的增长和需求的多样化，对公园的要求也越来越高。随着老龄人口的增加，公园不仅要为儿童和成年人提供主动性活动场地，还要为老年人着想。新移民为公园带来了新的活动项目，比如足球和各种节日庆祝活动。美国人口在不断增长，公园可以为人们提供进行各种体力活动的机会，尽管对于体力活动与公园分区之间的关系还缺乏深入的研究。

不同团体之间，不仅在活动类型上有所不同，而且在兴趣爱好上也有差异。有些人喜欢自然风格的公园，同时又有较高强度的修剪维护。有些人喜欢野性之美，希望公园能反映出当地生态特点。还有的人把公园看作是重要的娱乐休闲场所，希望公园有高强度的修剪，有各种游乐设施、花坛、座凳、野餐棚架、厕所、衰退的林地等。

在大型公园中，可以设置大量的体育设施、野餐区、花坛、天然区域和运动场地等，各自占有不同的空间。在小公园中，各种活动之间，不同的使用者之间，就会产生重叠和冲突，设计时就得小心处理。再考虑到野生动物生境等生态方面的需求，可能就只有少数几种活动可以共存。究竟注重哪一个方面，取决于公园所处的环境。但是，多数情况下都会产生竞争，不仅社会价值与生态价值之间有竞争，就是在他们内部也有竞争，如生境与水质、球场与野餐区等。

本书提供了一些基本设计指导原则，以使小公园的社会功能和生态功能都达到最大。不过，还必须认识到，多数情况下，只有一个方面能占主导地位。在城市景观中，小公园面积小，相对隔离，再加上人们娱乐休闲方面的需求，小公园的生态价值，特别是在生境方面，是很有限的。但是，不管怎么说，经过精心的设计，即使在生态方面，如为当地野生动物创建生境、改善空气质量和水质等，也能发挥重要作用。

对小公园的期望

正如前面所讲过的，本书重点讨论小公园，面积小于 $2-2.4hm^2$，一个街区或更小。无论是在市中心、在城郊，还是在小城镇，小公园随处可见。本书重点谈论城市中的小公园。城区就是非农区、非天然区。本书中所说的小公园，是指公共绿色空间，供人们娱乐休闲所用，公众可以接近，而不是指主要以保护为目的的天然区域，如国家公园或国家纪念性保护区。下列公共空间或绿色区域不属本书讨论的范畴：

- 城镇铺装广场、市场和街道。
- 仅向少数人开放的公共开放空间。
- 仅供一些特殊居民团体或工作人员使用而不向大众开放的共享或共用空间，如住房开发区的共用空间等。

当然，各种不同类型之间，其界限往往难以确定。如在一个小公园中，有时可能会有农贸市场。公园不需要公众真的去拥有它，但却需要有一定的规则允许公众使用。有些公共的所有天然区域限制人们进入，而有些私人的绿色空间则可能会允许更多的人接近。一般来说，公园的可接近性是一个合理安排问题。在开发阶段，由当地政府根据公众需求，制定一些灵活性的规则，对公众的使用作出合理安排。许多私人拥有的空间，对于公众的进入有较严格的限制性规定。但是，即使许多公共区域，也有类似的限制性规定，包括公园，也包括图书馆。

当代公园设计新思潮并没有在实践中得到很好的体现

在城市和社区设计方面，虽然有许多新思想、新观念可供广泛使用，但是有关小公园的设计指导性原则还是需要的。之所以编写本书，部分原因是由于小公园设计的两个主要方法——生态设计和新城市主义设计，还没有经过很好的实践。有些设计的个案既考虑了生态要素，又考虑了社会要素，但大多数设计并非如此。

生态设计

在小公园中，生态设计的目的，是改善小公园的生境质量，恢复因过度使用和忽视而日益恶化的景观。在小公园中，下列环境要素是值得特别关注的：河流廊道沿线土壤的侵蚀、对植被的踩踏、外来物种的入侵、土壤的紧实板结、污染、野生动物的灭绝等。公园恢复所采用的方法有多种名称，如棕色用地恢复、绿色基础设施、景观城市化以及生态恢复等。所有这些都有一个共同的目标，即通过设计使公园的景观结构得以重生。但是，对于景观恢复的社会价值却有所忽视，特别是不能与公园所在地区的人口和文化特点相关联，也缺乏对景观生态学、城市生态学、保护生态学在理论和实践上的应用说明。另外，景观生态学和保护生态学强调在乡村地区和天然地段，建立超大型的土地斑块。

新城市主义

新城市主义是规划师和开发人员所广泛采用的手法，以创造更好的公共空间，增强社区感，提高生态价值。在有行道树的居住区和商业区，新城市主义的主要设计要素包括：公园、小路和城镇广场。

在新城市主义的理论和实践中，都强调和体现生态价值和社会需要的多样性，但从已完成的个案来看，新城市主义设计并不多么先进。在公园设计中，由于生态和社会需求的复杂性，新城市主义设计变化很大。总的来说，用新城市主义思想设计的开放空间，能够发挥较高的生态和社会功能。

未来研究趋势

尽管研究人员对小公园越来越感兴趣，但有关小公园中生态要素与社会要素的相互作用问题，目前还知道得不多。研究人员正在加强对社会因素和环境因素的研究，以期能帮助进行设计决策。在生境保护、生物多样性和生态系统保护方面，景观生

佛罗里达海边典型的新城市主义开发区。中心广场的圆形剧场区由一大片草坪构成。相反，位于中心地带的迪比西（DiBicci）公园，树木之间种植的是不需要高强度维护的地被植物。整体上说，这一海边景观大部分采用低维护植物。

以新城市主义理念为指导的这一开发地段，有数个公园，公园中草坪占主导地位，无法发挥小公园的生态和社会功能。

态学、保护生态学、恢复生态学和城市生态学，为地区性公园体系的设计提供了全新的视野。现在，设计师和规划师都自觉或不自觉地将生态学中的一些生态和社会原则，应用到城市规划设计中。但是，一些基本争议仍然存在，如关于"自然""城市""城市生态系统"的定义问题等。科学家所关心的一些现象可能有利于发现新知识，但与规划设计可能关系不大。随着城市化进程的加快，对于社会学家和环境学家来说，现在是最好的时期。希望他们尽快开发新知识，在小公园以及类似的公园设计中，为设计师、管理人员、规划师和工程师提供有力的帮助。

必须指出，本书中所给出的一些信息和设计指导原则，只是启发性的经验之谈，虽然这些原则都是建立在目前我们所能掌握的最新研究成果之上的。但有关生态学方面的知识毕竟还是不够全面。当设计师、规划师和管理人员需要确切的指导性数据时，如生物多样性保护所需要的最小斑块面积、绿色通道和保护性廊道的最小宽度等，社会学家和生态学家就可能无法给出，还需作进一步的研究。在编写本书时，我们搜集了大量的最新研究成果和文献资料，并呈请有关专家进行评阅。有时专家的观点是截然相反的，但还是希望通过这种方式，弥补当前知识的不足。

透过本书，也在某种程度上反映出知识断层问题。例如，关于不同种族的人群对公园的使用问题，在芝加哥和加利福尼亚州的一些大公园中已有大量研究成果，但对于小公园研究却不多。对温带气候鸟类的研究，多于沙漠气候的。而对鸟类的研究又多于其他动物。对乔木的研究也远多于灌木和多年生开花植物。为了弥补各种知识断层，书中主要采用了那些带有共性的知识，也就是说本书反映的是当今主流共识。

本书概览

本书的前4个主题——大小、边缘、外观和自然性，是小公园设计的基础。小公园面积小，只能容纳有限的活动。与大型公园相比，小公园边缘所占的比例高。人们对公园的外观感觉和体验不同，小公园的这些不利方面有时会被放大。

后面4个主题——水、植物、野生动物以及气候与空气，在自然生态系统中占有重要地位，而小公园在大型开放空间和生态系统当中可以扮演重要角色。这些自然特征常常构成人类的生存环境，使人感到愉快和舒适，如观赏野生动物、调节空气温度等。

最后4个主题主要与人类自身有关。例如，小公园中所承纳的活动类型、对使用过程中一些不可避免的冲突的处理、个人安全问题、公园的维护和管理，以及公共在空间设计、维护管理等方面的参与问题等。

书中给出了5个小公园的设计实例，并将各项设计指导原则进行了归纳汇总，以指导书的形式编排，便于在参与性设计和规划评价中使用。本书最后，就小公园的功能问题进行了汇总，如在可持续性社区建设中，小公园如何提供有价值的生态资源，在人口密集的社区小公园如何就近创建带有自然特点的景观，以及居民的能源有效利用问题和社交聚会空间等。

| 第一篇 | Design Examples | Design Development Guidelines | Design Development Issues in Brief |

第一篇　小公园规划与设计要素综述

第1章

大小、形状和数量

1.1 问题的提出

小公园在大小和形状上仍有差别。最小的只有 $0.04hm^2$ 或更小,较大型的可以占据整个街区,面积 $2-2.4hm^2$。有些小公园仅仅是线性或不规划形的绿色通道,沿着河流、铁路或公路伸展。许多生态学家认为,小公园因其面积小且相对隔离,从生境的观点来看,会带来许多问题,如内生生境少,外来物种多,小型捕食性动物多(如猫、鼠和浣熊),边缘生境多,与局部开放空间连接少等。对一般人来说,公园大小并不特别重要。但是,必须注意,小公园并不能满足人类、植物和野生动物的所有需求。人类的某些活动在小公园中会受到限制。

小公园虽然规模小,但它对邻近地区的环境、绿色空间、生境,以及整个城区都会产生许多有益的影响。在沙漠地带,小公园能起到降温作用。小公园的存在可以提高所在地区的生态和社会价值,比如沿河流或溪水伸展的线性公园,生态效果和社会效果都大为提高。小公园在大小和形状上的差别变化,就需要进行精心的设计和管理。

1.2 背景

社会问题

某些重要的社会功能,如大型运动场地,不适宜在小公园中建造。它仅能为一些有限的活动提供场地,如供父母锻炼、儿童游乐或建造球场等。如果还要考虑生态功能,那么这些活动也不能完全保证。狭窄的线性公园构成很有用的绿色通道,但却不太适宜于开展各项社会活动。从生态上说,线性公园有助于物种的散布。但在线性公园中,边缘生境占主导地位,而且有些物种还不适宜在边缘生境中生存,这就导致人们与野生生物接触机会的降低。

在创造休闲养性的环境——"世外桃源"方面,小公园也不易做到。卡普兰(Kaplan)认为,"世外桃源"必须有足够的空间让大脑浸润,吸引人们去欣赏、体验和思考(卡普兰,1995年)。然而,在面积不大的地方,小公园却又能创造各种各样的、相对完整的景观,只是需要精心的设计。经过精心设计的小公园,常常距家不远,不太孤立,而且还能避免在大型公园中经常会出现的一些社会问题,如犯罪等。

小公园能增加亲近感。感觉研究发现,两人相距23m时,谈话就得提高声音,相互之间只能看见

图1-1 得克萨斯州伍德兰兹残留森林林边小路。行人可以沿林地边缘行走，同时又限制林地的进一步分割。

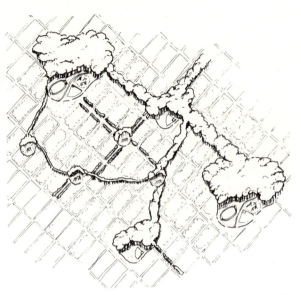

图1-2 数个大小不等的公园构成绿色空间网络。作为连接开放空间体系的一部分，小公园的生态和社会价值得到提高。

对方的面部表情、轮廓(Alexander et al., 1977年；Gehl, 1987年)。

在小公园中，人们之间距离不远，有利于交流。即使公园的面积相等，在空间尺度上也不必追求完全一致。开阔的草坪会使公园显得较大，篱笆和建筑会使公园看起来变小(Talbot and Kaplan, 1986年)。

生态问题

小公园因其面积小，在自然保护方面其生态价值受到质疑。少数小公园列入了城市的总体规划之中，按城市总体规划进行建造。而大多数小公园，则是利用城市化过程中的遗弃地建造成，如湿地、裸岩、小面积森林以及棕色用地和填充地段等。

在大都市中，一些长期废弃和隔离的地段，如旧篱笆墙、铁路沿线走廊、溪流走廊、棕色用地和墓地等，也常用来建造小型公园。城镇不论大小，都会有这类未利用的地段。它们对于提高城镇的社会和生态价值具有重要作用。小公园的用地决定了其形状的不规则性。比如，有的小公园狭长，有的小公园沿着道路或住家后院展开，边缘很不规则。无论从社会学，还是生态学方面来说，都给管理带来了困难，虽然它们能够提高人们接近自然、亲近自然的机会。

与公园设计师、规划师和管理人员不同，生态学家更看重公园的大小和规模。例如，科尔和兰德雷斯(Cole and Landres，1996年)定义的大型保护区的面积超过100000hm²。其依据主要是出于保护野生生物生态系统的需要。在保护区内要包含所有可能的物种，其中也包括大型捕食性动物。在城市化区域，建设规模达100000hm²的公园是不能的。研究城市生态系统的生态学家了解这一点，在公园的大小和规模上，他们的概念，与公园设计师、规划师和管理人员的相类似。总之，生态学家所说的大型公园，与城市环境中的大型公园，在规模上差别很大。阅读有关生态学方面的文献，与生态学家进行交流，或者将生态学家的理念应用于城镇中心区或郊区的小公园设计时，都应注意这一点。

生态学文献上提到公园时所使用的词汇也不同。例如，生态学常用"保护区"或"生物保护区"来替代"公园"一词。任何适于野生生物保护的开放空间，不论是私有的，还是公共所有的，都可以用作保护区或生物保护区。例如，野生动物管理区，国家森林以及农场上的草地保护区等。生态学家所指的"保护区"设计，是指生境或生境网络的设计过程。在风景园林当中，与此类似的词汇是"保留地设计"、"区域设计"或"保护性设计"，具体采用哪一个名称，要看设计对象的规模。

从生态学的观点来说，大型生境区更适合作为保护区或公园。在大型生境区内，物种丰富，能维持自然进化过程，能为某些物种提供最佳生存条件。有些对人类活动干扰特别敏感的物种，可以在大型生境区内生存，为这类物种提供了一个"安全网"(Lindenmayer and Franklin, 2002年)。对某活动范围大的物种特别需要大型保护区（Noss et al.，1997年）。

生态学家一般不主张建立小型自然保护区，因为它面积太小，不能涵纳各种自然干扰过程，如火灾；对区域生态系统、景观类型和土地利用格局都没有代表性；从长远来看，它也不能维持某些物种的种群数量(Lindenmayer and Franklin，2002年）。如果要在大型生境区和小型生境区之间进行选择的话，生态学家会尽可能地选择大型生境区（Collinge，1996年；Noss et al.，1997年）。

尽管在许多大都市，建立小生境区更切实可行，但人们在日常生活中接触最多的确是小生境。小生境含有大量的边缘生境物种，具有高干扰性和大量的外来物种。只要经营者认识到它的这种生态上的局限性，制定合理的目标，小生境在生态保护方面就会很有用。作为小型庇护体系，小生境所面临的另一个问题是一个物种生存所需要的最小面积，特别是野生物种。戴蒙德（Diamond）认为，"不同的物种有不同的最小面积需求，因面积过大而生存受限制的情况很少见。"索莱（Soule）认为，在城市环境中，某些面积小、相互隔离的生境断片，可以保护某些植物。这不会令人感到吃惊。但是，对于小型、相互隔离的生境断片，对野生动物的保护作用，在生态学文献上还存在争议。

福曼（Forman，1995年）给出了总结性的阐述："底线：斑块大，有益效应大；斑块小，附加有益效应小。"在一个相互关联的开放系统当中，包含各种大小和规格的公园，各组成部分按等级划分，形成一个网络。可以把小公园看作是这个网络中的一个环节，这样会有助于正确理解小公园的作用。在这样一个系统之中，小块土地并不需要发挥出系统的整体功能，特别是当大型、区域保护区作为整个开放系统组成部分时更是如此（Flores et al.，1998年）。例如，鸟类迁徙时，小公园可以为其提供临时停留场所，而不必在小公园内营巢。在大都市，在使公众认识到城市对自然的影响方面，发挥着独特的作用，这实际上更多地是一个社会问题，但它仍很重要。

总之，小公园的生态功能是有限的。生物地理岛理论认为，小岛的物种多样性低，大岛的物种多样性高。由于距离对物种扩散的限制，岛屿距陆地越近，物种越丰富（MacArthur and Wilson，1967年；Wu and Vankat，1995年）。这个理论虽然于20世纪60年代提出，但它在保护区设计的有关文献中仍有很大的影响(Ranta et al.，1999年）。简单地说，在进行公园设计时，公园设计师、规划师和管理者，应遵循生物地理岛理论的三个基本原则，即"面积效应"，面积大比面积小好；"边缘效应"，分隔片断尽可能地少；"距离效应"，斑块之间距离尽可能地短（Soule，1991年）。小公园物种丰富度低，常见种类和边缘适应性物种占主导地位。

除生物地理岛理论外，还有复合种群理论（Levins，1969年）。运用复合种群理论可以对种群发

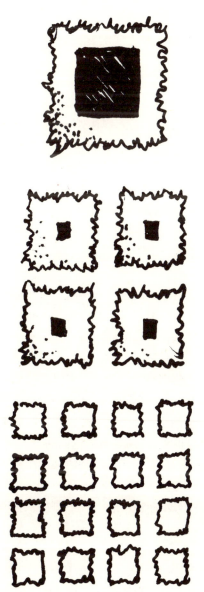

图1-3　与中型或小型斑块相比，大型斑块含有（黑色部分）更多的内生生境。小斑块可能不含内生生境，但可作为大型斑块的补充。一般来说，鸟类和植物种类随斑块大小和数量的增加而增加。小公园，虽然小，但可以增加城区物种的种类。

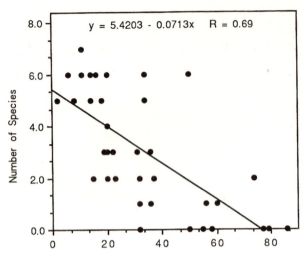

图1-4 随时间推移，相互隔离的小斑块导致某些物种的灭绝。图中所示为圣迭戈县西部36个相互隔离的峡谷，一些需要小树林环境的鸟类种类数量与隔离时间之间的关系。

展趋势进行预测。比如，种群在块状生境岛上（如公园）的扩散和重新定居情况，种群是否被隔离或面临灭绝的危险等（Collinge, 1996年）。由于某种原因，小公园可能会成为一个生态沉淀池，或一个特殊的生态区，在这种生态沉淀池或生态区内，物种出生定居率小于死亡率，最终导致该物种的灭绝。有些物种对人类活动的干扰非常敏感，耐受低，在较成熟的内生生境或较大型的生境区内才能生存（Collinge, 1996年；Mortberg, 2001年；Bastin and Thones, 1999年；Levenson, 1981年）。

生态学家还发现，在小公园和残留生境当中，斑块隔离、物种丰富度和物种灭绝三者之间具有相关性。蝴蝶就是一个很好的例子。高（Koh）和苏（Sodh）（2004年）对新加坡热带景观四种类型的开放空间中蝴蝶的多样性进行了研究。这四种开放空间分别为：森林保护区、片林、邻近森林的城市公园和隔离的城市公园。研究发现，距城市公园2km的森林，对公园内物种的多样性具有重要作用。受外界干扰程度低的地点，对蝴蝶多样性保护最重要。邻近片林的城市公园，蝴蝶的多样性与靠近森林保护区的城市公园相比，差别不大。这一点有些意外。上述研究表明，在热带景观中，片林对城市公园的种群动态变化具有重要作用。当然，可能还会有其他因素也起作用，如气候、景观类型等。

小公园与生境走廊或生境网络的连通性或黏滞性，是另一个需要考虑的关键问题，详细论述见"1.2 连接与边缘"。需要指出的是，连通性可能是生态学上最具争议的话题之一。没有确切的证据表明，对任何生态系统和生存环境来说，任何走廊都具有保护价值，尽管有许多著名的科学家（Soulé, 1991年；Beier & Noss, 1998年）认为，在城镇中走廊具有重要价值，要加以保护，而不是将其毁坏。走廊作用的模糊性，使公园设计师、规划师和管理者感到困惑。为了设计出更好的公园和绿色通道，他们需要有准确的尺度，如最低宽度和最小面积等。但是，必须明确，在生境设计和公园规划中，像棒球场和足球场那样，制订准确的尺度标准是不可能的（Musacchio, 2004年）。

1.3 平衡与协调

一般来说，人们对事物总是求其全面，对小公园同样如此。很明显，小公园不可能同时发挥出各种所需要的功能。但是，它可以达到以下两点：①填补空档。②使邻近公园或开放区域的功能和作用得到增强。可以这样说，具备社会和生态双重价值的小公园，比单独强调某一个方面要好。当然，这也不是绝对的，对每种情况，需要分别进行评价。

1.4 基本设计原则

（1）尽可能地满足生态功能上的最小宽度和面积要求，提高小公园的生态价值。不同的要素有不同的尺度要求，最常见的生态要素为水质、空气质量和某些特定物种的生境。最低宽度有时也依赖于一个地方的物理环境，如沙漠与温带森林、坡度的陡缓和土壤侵蚀的难易等，详见图1-12～1-14。图中给出了一些实例，说明走廊宽度与野生动物保护、水质保护和空气质量保护之间的关系。

下面是一些常见生境斑块的最小面积和最小宽度。[引自雷戴克（Raedeke），1995年]。必须牢记，生境斑块的最小面积和最小宽度是随物种而变化的，取决于物种的生活史。

- 两栖类和爬行类动物，0.57hm²。
- 小型哺乳类动物，0.65hm²。
- 陆生脊椎动物，5.05hm²，最小斑块直径200m。

 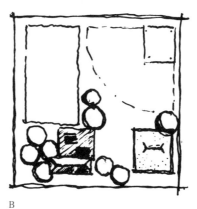 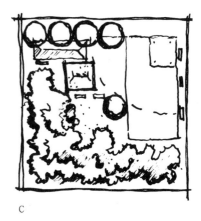

A　　　　　　　　　　B　　　　　　　　　　C

• 鸟类，最小斑块直径200m。鸟类喜欢林内生境，在小型森林斑块中不能正常营巢。小型森林斑块几乎完全是边缘生境。

图1-5　公园设计实例。A. 开发前的残留森林斑块。B. 传统公园设计，有娱乐区、休息区、运动区和散植树。C. 与公园B具有相同的特征，但是对各功能区进行了重叠和压缩，增加一片森林斑块，使公园同时具有了生态功能和社会功能。

（2）设法创建多用途尺度。从社会学的角度来说，一些常见的娱乐设施都有一定的尺度规格，其变化的幅度有限。球场、运动场和野营区等，都有尺度限制。在小公园中，可能有空间建棒球场，但同时还需要建排球场、滑冰场、社区花园和运动场地等其他设施。正如我们在梯厄-施密茨（Tighe-Schmitz）公园设计中所展示的那样，在同一地段上尽可能地融合多种功能。当然，这需要精心设计。

（3）对某一特定地区，关于小公园的源头，可以通过对该地城市化进程和景观格局演化的研究而获得。历史演化图、文献资料和口述史料，都是很有用的材料。通过研究，可以知道，现有的公园与它所在的区域自然生境相隔离的时间长短，有哪些生态特征可以重新恢复，比如被淹没的湿地、被填埋的河流，以及与小公园相连接或通向更大开放空间系统的通路等。在美国，可以利用数字正投影照片（数字航拍照片），对土地利用和地表覆盖变化情况进行判断。大学图书馆通常都存有纸质航空照片，年代一般从20世纪中叶开始，有些历史地图可能会更早。用这些资料，可以帮助建立起所研究地区基本框架。

（4）建立新社区时，在规划阶段，就要尽可能地保持开放空间中较大生境斑块的完整性，保护核心生境，减少边缘效应。对此，要特别关注公园的位置以及它与周围区域的联系。许多生态学家都特别看重大型斑块，因为大型斑块含有更多物种。但是，小公园，正如在本书中所给出的，也确有其存在的价值。它可以使一个区域的开发建设密集而紧凑，对一些面积较大的开放空间起到保护作用。

（5）在获取公共公园系统建设所需的土地时，就要考虑公园这一开放空间的形状。公园的形状不同，其内生境及其与周围环境的联系都会有所不同。内生境与边缘生境的数量可以通过计算公园周长与面积之比来获得。有些形状自然会有更多

各种运动设施的尺度　　　　　　　　　　　　　　　　　　　　表1-1

运动类型	面积（包括隔离区）	运动面积/场地尺度
篮球	不严格	25603.2mm×15240mm
滚球（Bocce）	(5.7-7.7)m×(24.6-30.3)m	(3962.4-5791.2)mm×(23400-27600)mm
美式足球（橄榄球）	最小51.6m×111.6m	48768mm×109728mm 包括各9m的边区
网球	18000mm×36000mm	10972.8mm×23774.4mm
排球	15000mm×24000mm	9144mm×18288mm

引自哈里斯和丹斯（Harris and Dines，1998年）。

斑块面积、数量与物种种类和多样性之间的关系（芬兰赫尔辛基近海岛屿）　　表1-2

大小等级 (hm²)	岛屿数量 (个)	总面积 (hm²)	物种数量 (个)	物种多样性 分值
0.01—0.09	28	1.8	162	8.7
0.1—0.99	83	38.6	323	67.5
1.0—9.9	76	239.4	555	259.6
>10.0	20	1172.3	648	350.2
合　计	207	1452.2	686	686.0

的内生生境，比如圆形公园或正方形公园，就比线形公园多（Collinge，1996年）。有关斑块、边缘和走廊空间统计特征的更详细计算，参见福曼和特纳（Forman and Turner，2001年）的介绍。

（6）都市物种清单，包括珍稀濒危物种、面积敏感性物种和无性繁殖物种（无种子），在土地管理和利用当中，是很有用的参考资料。了解这些物种的生活史，特别是对斑块面积、形状、数量以及边缘效应的敏感程度，也很有用。上述资料的获得，可以查阅当地的研究报告、询问相关专家或进行野外调查。一个小公园对物种的生存不会引起巨大的差异，但是，上述资料对公园设计很重要。同时，这些资料还可以用作公众教育材料，使公众正确理解城市化对区域生物多样性、景观格局的影响，以及区域开放空间规划的重要性。

（7）对某一生境斑块，要了解它的形状起源，也就是它是如何具有了现在的形状的。这对正确理解水分、养分的流动和野生动物的迁移情况很关键。有些自然形成的线形生境斑块，能够指示出环境的梯度变化，单位面积上生物多样性程度较高，如河岸生境和湿地边缘生境。

1.5　精选资料

恢复性体验需要一定的集约度

在有关恢复性体验的理论探讨中，卡普兰（Kaplan）提出了四个重要因素：吸引力、脱离、集约度和相容性。"恢复性体验的中心要素是吸引力。但这并不是说，有了吸引力就能够实现对注意力的引导……实际上，我们还有另外三个要素，与吸引力一起构成我们称之为的恢复性环境"（卡普兰和陶伯特，1983年）。

"（1）脱离，通过注意力的引导，原则上应该脱离精神活动。实际上，人们去某地休养，就是为了暂时摆脱事务的缠绕。但是，到一个新环境后仍然想着原来的事情，就不可能得到恢复性休养。很明显，脱离更体现在精神上，而不是身体外形的改变。新环境或不同的环境，虽然具有潜在的帮助作用，但并不是必需的。注意力的改变或以新的眼光和方式来看待老环境，都可以引起精神上的转变。"

"（2）环境必须具有一定的集约度。换句话说，一个环境必须具有足够的构成要素，各要素之间相互关联，形成一个完整的世界。仅靠吸引力和标新立异不能创造恢复性环境。原因有两个方面：①没有一定的集约度，就不是合格的环境，而只是一些不相关联的表象的集合。②恢复性环境必须具有一定的范围，能使人们沉浸于其中。必须有足够的东西供人们去欣赏、体验和思考，进而能有效地占据人们的大脑空间。"

"（3）环境与目标应具有相容性。换句话说，环境应能适应人们的愿望和目标。"[*]

公园中，对空间大小的感觉与其实际大小的差异

塔尔博特（Talbot）和卡普兰曾就人们对空间大小的感觉做过研究。他们挑选了56人，根据感觉对空间大小进行分类。所用材料为密歇根州安亚伯市的照片，重点考察小空间，最大不超过7.2hm²。研究发现，对空间大小的感觉受物理构成要素的影响，如建筑物的可见性、区域外的人造景观以及篱笆的有无等。周围有建筑、人造景观或带篱笆的区域，常使空间感觉变小；开放空间，则常使空间变大。还有其他要素，如树木、小路、修剪过的草坪，也影响对空间大小的感觉，但在所观察的15组照片中，不具有规律性。

---

[*] Reprinted from Kaplan, S. The restorative benefits of nature: Toward an integrative framework. *Journal of Environmental Psychology* 15: 169–182, © 1995, with permission from Elsevier.

生境斑块大小一般规律

经过综合分析研究，戈尔茨坦（Goldstein）等人得出的结论为：对某一生境区，物种数量增加1倍，面积就得增加10倍。对于任何生境斑块，只要任何小区域大于"最小区域"，都适用于这一规律。根据这一规律，小型和中型生境斑块面积的扩大，更有利于物种数量的增加。这一点对种植规划很重要。

小生境斑块的潜在优势

在对当前已有研究成果进行分析汇总后，关于小斑块的生态效益，福曼（Forman）将其概括为5个方面：

"（1）作为物种扩散栖息地和过渡区。为某些已灭绝物种的重新定居提供场所。

（2）边缘物种种类多，种群数量大。

（3）物种异质性高，有利于减少流走和侵蚀，降低被捕食的危险。

（4）为那些仅在小生境中生存的物种提供栖息地。有些物种不喜欢在大斑块中长时间停留。

（5）保护零星分布的小生境和稀有物种。

基本规律：斑块大，生态有益性高；斑块小，生态有益性低"（福曼，1995年）。

福曼接着补充："没有大斑块的景观缺乏精髓，只有骨头。只有大斑块的景观引起某些价值的缺失。一般来说，与大斑块相比，小斑块有其独特性，可以作为大斑块的一种补充，而不能取代大斑块。理想的景观是，既有大斑块，又有零星分布的小斑块作为补充，两者一起构成一个斑块序列，形成一个完整景观"（福曼，1995年，第48页，剑桥大学出版社允许重印）。

面积是决定物种多样性的关键因素，生境结构和生境隔离状况也有重要影响

布莱克和卡尔（Blake and Karr）对小林区（1.8–600hm^2）鸟类的生境质量研究后发现，在伊利诺伊州，面积对物种数量的影响程度达到87%–98%。当林区或其他生境斑块与周围环境高度隔离，形成明显对比时（即形成生境岛），物种—面积相关模型更明显。

对于近距离迁徙鸟类和林区边缘鸟类，生境比面积更重要，而对于远距离迁徙鸟类和林区边缘鸟类，面积对物种数量的影响占主导地位。

隔离程度或森林斑块之间距离的长短，可以不通过迁移效应对物种数量产生影响。豪（Howe，1984年）的研究表明，在小林区（小于7hm^2），鸟类的取食范围可以延伸到其领地周围的数个斑块。类似地，如果周围是非农业生境（如废弃的农田、休闲地块），鸟类的领地可扩展到林区边界以外。这就是说，如果一片林地面积不足以容纳某些物种，这些物种就会向周围邻近生境延伸。

斑块大小与边缘效应

通过对相关文献的综合研究，科林奇（Collinge）认为："生境斑块大小不同，所产生的边缘生境比例不同，进而显著影响到生境内的生态过程。在一个生境斑块内，从边缘到中心的距离是固定的。斑块小，边缘生境所占的比例大；斑块大，边缘生境所占的比例小。例如，当边缘生境延伸到50m时，没有了内生生境。生境斑块面积为10hm^{2}时，边缘生境面积为5.3hm^2，占53%，内生生境为4.7hm^2，占47%。对于一片面积为100hm^{2}的片林，边缘生境面积为19hm^2，占19%，内生生境面积为81hm^2，占81%。"

对类似生境岛的森林斑块的研究，进一步证明了生境斑块的边缘效应和边缘巢穴捕食率的增高现象

在瑞典中部，安德朗和安琪尔斯塔姆（Andren and Angelstam），对一小块针叶林进行研究，发现了边缘效应与巢穴捕食率的经验证据。在该项研究中，小面积林地的面积大小为0.1hm^{2}到数平方公里。距边缘距离50m以内，巢穴捕食率最高，在200–500m范围内，巢穴捕食率变化不大。这进一步验证了威尔科夫（Wilcove）的观点，即距边缘200–500m时，边缘捕食率升高的现象消失。

生境廊道宽度

在纽约中央公园的生境修复计划中，科林奇给出了一个大致的廊道宽度："例如，安德罗坡冈协会（Andropogon Associate）建议对纽约中央公园的三片主要片林进行修复，在现有林地范围内，维护和创建较大型、不受干扰的生境斑块，提高鸟类和哺乳类动物的流动性，减少外来植物的入侵和由林缘效应所引起的干扰沉积。为了实现上述目标，安德罗坡冈协会为该公园设计了一个生态廊道网络，即新建一条宽32m的林带，将三块主要林地连接起来，三块林地再向外扩展32m，以减少边缘效应，同时沿公园周边建一条林带走廊，宽32m。

对于纽约中央公园内中等大小的森林斑块，生境廊道网络可能会有效地提高鸟类等动物在斑块内停留的时间。但是，对于面积相对小的斑块，如哈利特自然保护区（Hallett Nature Sanctuary）"，生境网络的建设并不能够有效地提高该保护区的生境价值*。

---

* Reprinted from Collinge, S. K. Ecological consequences of habitat fragmentation: Implications for landscape architecture and planning. Landscape and Urban Planning 36:59–77, © 1996, with permission from Elsevier.

第2章

连接与边缘

2.1 问题的提出

小公园就像被住宅、商店和工厂建筑海洋所包围的岛屿。虽然看起来像海岛，但是它仍然可以通过两种途径与周围的邻居相连接。第一种途径，在一个较大的生态网络当中，小公园可以作为踏脚石或小的生境斑块。第二种途径，作为人与人之间以及人与大自然之间的连通场地。在一个小公园中，同时具备社会连通性和生态连通性不是一件容易之事。社会连通性可以通过高度修剪和精细栽培所形成的绿色空间来支撑，而对于某些本土植物和野生动物，要建立生态连通性连接，则有最小生境面积的限制。对生态过程来说，边缘效应可能会带来许多问题，但它作为社会连通性连接的场所却会给人们带来许多益处。

2.2 背景

开放空间的连通需要在较大的区域范围上才能显示出其重要性。但对于空间设计和管理则需要限定于场地范围之内，目的是使人们能够看得见，能够接近它。对野生动物来说，可以提供扩散路径和生存环境。同时，又便于场地的经营管理，如水的渗透、与邻近区域的连接等。在生态学上，开放空间的边界设计很重要。边界植被具有边缘效应，在结构和功能上与斑块内有明显的不同。

小公园可以单独存在，也可设计成为大型绿色体系中的一部分，或开放空间网络的一部分。小公园面积小，其功能是有限的，但作为绿地系统或开放空间网络的连接点，却具有重要作用。主要表现在：

（1）交通。小公园可以作为人行道和自行车道网络的组成部分，为人们创造充满生机和活力的生活。

图1-6 在纽约市，这家公园周围的篱笆形成明确的边界，控制人流的出入。植物得到保护，既防止游客剪断，同时又能观赏植物。在土地高度利用的地区，这种边界处理法很常见。

图1-7 波士顿公地内一块活动频繁区域,路边长凳供游客坐下休息,注视行人。注视行人就是一种社会联系的方式。

图1-8 娱乐休闲小路,就像在得克萨斯州所见到的这一条,有助于连接小路与周围社区的其他开放空间。

（2）人与人之间的沟通。小公园能使人们产生近邻感和位置感,利于人与人之间的交流和沟通。

（3）自然生态系统。众多小公园可以创造大型生境斑块,但因其面积小,生态功能有限,只能发挥出某些特定的、有限的生态功能。

社会问题

公园可以在人类与植物、野生生物和历史之间建立连接,产生互动（Carr et al.,1992年）。有些互动行为仅仅是视觉上的,如逛公园,就是欣赏别人和被别人欣赏两个方面的视觉互动。观赏绿色植物、偶尔的谈话,也是一种互动。同时,还要避免非期望性互动,如犯罪。要创造良好的互动效果,就需要对公园的内部空间和边界进行精心的设计。

社会连接与生态连接往往具有不一致性,主要取决于连接的类型和周围的环境。有些环境利于创造正面社会互动,不利于产生负面社会互动。但从生态方面来说,有些设计要素可能具有综合性的环境表现。在干旱的城市当中,用于遮阴的树木不可能代表生态学上的沙漠景观,但在公园内,为了游客的舒适性和社会互动,则需要有能够遮阴的树木。浓密的灌木丛和地面植被覆盖有助于犯罪活动。但是这正是森林景观的特点,它为鸟类、昆虫和其他哺乳动物提供栖息环境。这样,公园边界的设计,一方面要考虑人与自然的连接,另一方面还要考虑减少犯罪活动的问题。一般来说,公园边界连通性设计都是各方面因素的相互协调和妥协。

生态问题

（1）本底法和廊道法：小公园面临两个方面的问题：一是缺乏与周围其他开放空间的连接,二是与其面积相比,边缘生境占的比例大。这两个问题的存在,不利于理想生态条件的创造。解决的方法通常有两种,一是本底法（Franklin 1993年;Lindenmeyer 和 Franklin,2002年）,二是廊道法（McHay 1969年;Little 1990年;Sucitht 和 Hellmund,1993年;Jongman 和 Pungetti,2004年）。两种方法各有其支持者和反对者。就这两种方法的重要性、有关的理念、方法以及它们对未来公园设计、规划和管理可能产生的影响,作一简要评述。

本底法　该法将公园所在的环境看作本底,公园是镶嵌在本底上的一部分。景观和森林生态学家富兰克林（Franklin）是重要倡导者之一。在他的经典著作中（1993年）阐述了在人类占支配地位的景观当中（如农田和城市）,本底保护的重要性。从生物学上来说,这些都是最富生产潜力的土地。在"大小、形状和数量"一章中,曾讨论过廊道法和保护法,本底保护法同样也是一种重要方法。有些物种的种群数量对本底的土地利用和植被变化情况很敏感。对这些物种,本底法就能够体现出其优势。威尔森和多尔卡斯（Willson & Dorcas）指出,蝾螈就属于这类物种。

调查数据表明,沿河缓冲带的宽度对蝾螈的相对丰度有一定的影响,但在整个水域内,未受干扰的生境数量影响最大。

一般来说,两栖类动物、蝾螈和其他爬行类动物都有一个最小和最大核心生境区，从117-368m不等，取决于物种种类。以水质保护为目的所设置的廊道较窄，通常为30-60m，不能满足这些动物的生境要求。这种情况下，进行小公园设计时，公园设计师、规划师和管理人员就要充分考虑到公园周围的本底特性（即水域），特别是那些与两栖类、蝾螈和其他爬行类动物的生境相关的湿地、溪流和其他水体。

关于生物多样性和多用途景观生态体系建设，生态学、景观学和环境规划等学科已推出了多种廊道规划设计方法。在保护生物学领域，物种保护规划称为保护规划，而生境网络的设计称为保护地设计。在景观学领域，绿色通道法是当今美国最常用的方法之一。绿色通道常常沿着河流或者旧铁路线，创造一些线形的植被廊道，其间穿插人行步道。

不管采用什么样的名称，比如保护性廊道、生境走廊、绿色通道或生态网络，这种线形区域都能够与周围娱乐休息开放空间建立连接，同时也有利于提高小公园内物种的丰度。持批评观点的学者认为，线形廊道会增进捕食性动物、外来物种和昆虫的扩散。按生境特性，可以将廊道分为两种类型，即生境连接廊道和迁移廊道。生境连接廊道可以为物种的生存和繁殖提供充足的资源。迁移廊道只允许物种的扩散。一个物种的最小廊道宽度，是指能够保证物种从一个斑块向另一个斑块迁移的宽度。廊道边缘生境比例高，有可能引起生态沉积。宽廊道生态价值高，但会增加土地购买和维护成本。因此，对于一个社区及其邻近区域，当生态要求是首要考虑的问题时，就需要制定一个良好的景观经营管理规划。

总的来说，对于生物多样性保护，廊道法和本底法究竟哪一个更好，目前生态学上还有争议。像其他生态学问题一样，方法的选择取决于所面临的问题、问题的深度和物种种类等许多方面。生态学是一门地域性很强的学科，对某些生态问题的回答，如"理想廊道宽度"，需要视具体情况而定。这令公园设计师、规划师和管理人员感到困惑。情况就是这样，而且在短时间内不会有很大改变。但是不管怎样，公园设计师、规划师和管理者在进行规划设计时，针对具体的设计对象，总还有一些基本的原则可供遵循。

（2）生境网络法：纽约市区新规划方案最近已经出台。该方案不仅包含了绿色通道和几处大型公园，还包含了小型开放空间，如小公园。对于开放空间体系和都市景观，从生态学的观点来说，弗洛里斯（Flores）等人认为环境规划和环境保护的关键是健康生态系统的保护，即生态系统的延续和对外来变化的调节。从这种意义上说，生态系统不必洁

小公园可以和其他公园和开放空间有不同的连接方式

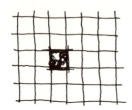

图1-9 与其他绿色空间没有任何连接的独立公园。

图1-10 占地面积大，但与周围其他公园仍然缺乏连接。

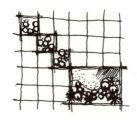

图1-11 几个小公园可以生动地排成一行，并与另一个大型公园相连接。

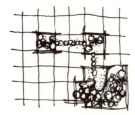

图1-12 公园可以由细长的通道如两边种树的街道相连接，这样可以加强连接感。

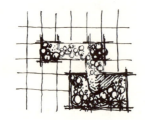

图1-13 公园可以由宽的通道如林荫道路相连接，这是5个方案中生境连接的最高水平。

净无暇，而是要具有可塑性、连通性，以及在基因、生物学和生物地理化学上，对外界环境变化的适应和调节能力。这是生态系统可持续性的基础。个人和社会所关注的主要是绿色空间内和绿色空间之间的异质性、多样性和连通性*。

廊道设计和规划的最新方法是生境网络法。该法最先产生于欧洲。其基本思想是，把景观及其周围环境看作是一个整体，强调景观内文化要素与生态要素的相互作用。对于特定的城市和城市化景观，该法给出了数个需要考虑的重要生境要素，即生境损失、生境破碎、生境分布、再生和残留生境斑块变化趋势以及生境质量的潜在影响。在北美和欧洲，有些规划师和设计师已把生态网络法当作一种政策性工具来使用。但在生态学上，特别是在北美，该法仍存在许多争议。

运用生境网络法进行生境规划时，在景观结构和功能上，应重点考虑以下几个方面：①增强廊道沿线破碎生境的连通性，提高物种的扩散能力。②在生境网络和城市用地之间建立宽度适宜的植被缓冲带。③减少外来物种的扩散机会，降低小型捕食性动物（猫、浣熊和狐狸）的种群数量。④对于残留生境和再生生境，要充分考虑公众的接受程度及其所需要的特殊管护要求。奥普达姆（Opdam，2003年）提出的空间黏滞性、景观黏滞性和生境网络黏滞性，是生境网络规划中最常用的概念。除了景观生态学思想以外，还必须考虑一些其他社会因素，如人们对景观的偏好等。

2.3 基本设计原则

（1）做好公园出入口的设计，包括视觉的出和入，提高公园的主动连通性。公园内的景观要素如不能一眼被看到，应设置视觉提示或标志。进入公园后，应能够看到与公园相连接的尽可能多的外部环境。视觉框架可以使某些要素，如停放的小汽车，显得更为深远。

（2）最大限度地满足人们的社会交往需求，建

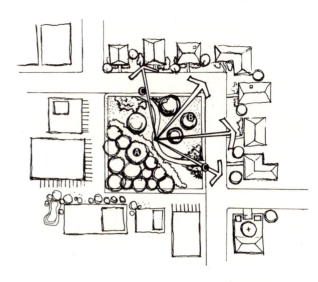

图1-14 图例显示公园与邻里区域的连接。生态连接还需要进一步改进。但在城市建成区，这常常是非常困难的，因为涉及到整个邻里的改造问题。
A. 树木稠密的林地形成一片森林，在公园和邻近工业区之间建立起一道屏障，边缘种植低矮的灌木，阻止行人入内。
B. 在一片开阔地带上点缀着几株大冠乔木，一可以遮阴，二可以形成视觉框架，向外能够看到周围的环境，从外面的住房也能够看到公园内的景色，对公园起到天然监视作用，能最大限度地减少犯罪。
C. 入口设有明显标志，并种植慢生灌木和花卉，视野开阔，视线清楚，同时又能给人留下深刻的印象。

立共享空间，但又不损害既有的公共利益。

• 休息区。设置座凳，游客可以观赏儿童玩耍或欣赏池水，需要的话，还可以进行更密切的交流。

• 休息区设置小路，便于游客观察了解，以决定是停留休息，还是继续前行。

• 交通流量大的地区，如公园入口，也可以设置休息区，增加游客之间互动的机会。

• 设置地标或地标性区域，便于游客向别人描述。这种地标往往会成为约会的场所。

（3）设想公园是生境网络或本底中一个斑块，即整个公园体系的一部分。在这个公园体系中有林荫道、弯曲的小径、河流、沟渠、小溪、次生林和互相连通的院落。小公园本身的生态价值是有限的，但是它可以与其他绿色区域相连接，形成较大的绿色体系。为突出这一点，对其周围的绿色区域应予特别重视。假如小公园周围有一片绿色植被，在公园内种植植物时就应尽可能地靠近它，增强绿色空间在整体上的连续性。此外，还要考虑生态进程的恢复问题。比如使一条小溪重现阳光或者在一片空地上重新种植植被等。

---
* Reprinted from Flores, A., S. T. A. Pickett, W. C. Zipperer, R. Pouyat, and R. Pirani. 1998. Adopting a modern view of the metropolitan landscape: The case a greenscape system for the New York City region. *Landscape and Urban Planning* 39:295–308, © 1998 with permission from Elsevier.

图 1-15 在这个绿色空间中,树荫下的长凳引导小径,行人有权选择是否与坐在凳子上的人攀谈,坐在凳子上也可以观赏过往行人。

图 1-16 一个小公园的社会连通性设计。一条小路引导游客穿过公园。靠近公园入口处有休息座凳,呈星状,游客可以自行决定是否在休息区停留。

(4) 小公园中野生动物廊道的规划设计,要充分考虑廊道的生态功能,比如是连接廊道,还是迁移廊道?

(5) 了解掌握不同植物和不同野生动物的最小和最大核心生境需求,特别是那些对土地利用和地面覆盖变化敏感的物种。廊道生境的形成决定着廊道的最小宽度,特别是当廊道的设立是为某些物种提供生存和繁衍环境时更是如此。再考虑到水源和大气保护,在选择最小廊道宽度时就得更加小心慎重,因为水源和大气保护所需要的廊道宽度往往比生境保护的要窄。

2.4　精选资料

廊道在社会和生态连接方面的潜在价值

关于廊道的价值,弗洛里斯等人就有关文献报导进行汇总研究后得出如下结论:

生态学上有关廊道和绿色通道的价值一直存在争议。廊道窄,边缘部分占的比例大,维护成本高,病原、外来物种和外来干扰有可能沿着廊道扩散。对于某些物种来说,窄廊道可能会有致命危险。增加廊道宽度,可在一定程度上减少这些负面效应。在城市环境中,更注重廊道对于人类的有效性,廊道成本和连通性等都是次要的。在纽约都市区,绿色通道将邻近社区与商业中心相连接,提供娱乐休闲场所。绿色空间的鲜明对比成为环境教育的良好场所,督促市民为建设良好环境而努力。从生态学上说,绿色通道减少了生境之间的隔离,物种能从受干扰的环境向新环境迁移,种群的遗传特性得到保护*。

廊道和小型斑块的局限性

在一篇文献综述中,雷德克(Raedeke)列数了小型廊道以及大型廊道的局限性,以免人们过分夸大廊道的生态潜能。他写到:"廊道的概念虽已被广泛接受,但对其功效许多生态学家仍持怀疑态度。他们认为,还不如将有限的资源用于其他类型生境的建设。认为可以因廊道而受益的许多物种,如美洲豹、熊、鹿和其他

---
* Reprinted from Flores, A., S. T. A. Pickett, W. C. Zipperer, R. Pouyat, and R. Pirani. 1998. Adopting a modern view of the metropolitan landscape: The case a greenscape system for the New York City region. *Landscape and Urban Planning* 39:295-308, © 1998 with permission from Elsevier.

大型哺乳动物,不适于在城市森林景观中生存。"

持怀疑态度的生态学家认为:"野生动物生境设计应重点考虑成本有效性和可持续发展性。对那些物种丰富或具有特殊保护价值的生境,如某些湿地、具有枯枝残干和倾倒木的成熟森林、成熟的植被和溪流廊道等,第一要进行保护和恢复。第二,要使斑块面积尽可能大。可以将许多生境斑块连成斑块群,形成一个大型生境区。第三,在城市森林景观中要包括多种类型的生境斑块。最后,生境区之间如可以设立廊道,廊道应与生境区相融合。"

保护区设计原则

根据多年的生物保护经验,关于生境保护,诺斯(Noss)等人提出了

如下原则：

• 在原始生境区内，局限于一个小区域内的物种比广布物种更易于灭绝。

• 种群数量大的大型生境区比种群数量少的小型生境区好。

• 生境区之间的距离尽可能短。

• 连续生境区好于破碎生境区。

• 生境区之间有连接的比无连接的好。

• 种群数量变动大的物种比相对较为稳定的物种更脆弱。

• 孤立种群或边缘种群更易发生遗传衰退，更易于灭绝，但其遗传特性更独特。

• 以生态系统为中心比以物种为中心更快捷、更经济、效果更好。

• 生物多样性并不是随机分布的，在一个陆地景观中也不是均匀一致的。进行保护性设计时，优先考虑那些"热点地区"。

• 理想生态系统的边界应该按照生态学的要求确定，而不是依据政治需要确定。

• 对于某一景观，不同的地段保护价值大小不同。在进行土地利用规划和保护网络设计时，划分区段是一种很有用的方法。

廊道越宽越好，但窄廊道也有其有益之处

关于森林内野生动物廊道宽度，林登迈尔和富兰克林（Lindenmayer & Franklin）给出了一个一般性的指导原则：

"大多数有关野生动物廊道的研究都集中于确定最低廊道宽度上。这主要是因为廊道宽度与物种丰度，如鸟类、哺乳动物和无脊椎动物等，具有正相关性。廊道宽度还可对某些物种的扩散产生影响，引起原生生境范围、形状和用途的变化。"

廊道宽度只是影响野生动物廊道使用的因素之一。对于给定宽度的廊道，其有效性还随其他因素而变化，如廊道的长度、生境的连续性、生境质量和廊道在整个景观中的地理位置等。物种不同，所需要的廊道宽度也不同。即使对于同一物种，不同的森林类型，所需的廊道宽度也不同。鉴

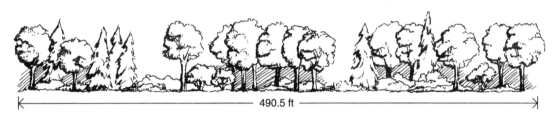

图1-17 一种观点认为，用于改善空气质量的理想廊道宽度为490.5ft（150m）。但许多人认为，这取决于设计地段的实际情况。以改善空气质量为目的的廊道，应进行针阔混交。

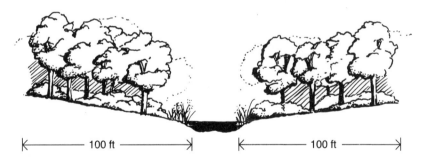

图1-18 对于河流保护，舒勒（Schuler）建议，沿河绿色缓冲带的最小宽度为100ft（30.5m）。但是必须注意，在整个流经区域内，河流的宽度会因冲击而发生变化，廊道的宽度也应随之变化。

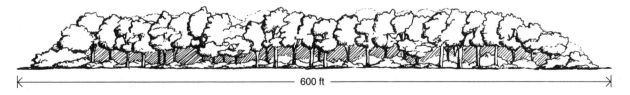

图1-19 廊道宽度因物种不同而不同。一般来说，宽廊道好于窄廊道。基于巴德（Budd）等人的研究，亚当斯和多弗（Adams & Dove,1989年）建议廊道的最小宽度为30.5m。然而，舒勒认为，野生动物廊道的最佳宽度为300—600ft（91.7—183.5m）。总的说来，最低廊道宽度因具体的设计对象而变化，受植物种类和被保护物种特性的影响。

两栖类动物和爬行类动物平均最小和最大核心陆生生境范围表*   1—3

组群	平均最小范围（m）	平均最大范围（m）
青蛙	205	368
蝾螈	117	218
两栖类	159	290
蛇类	168	304
龟类	123	287
爬行类	127	289
爬虫群	142	289

*表中数值为从水生生境边缘向外的直线半径。

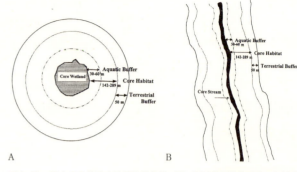

图1—20　图中显示的是建议湿地保护带（A）和河流保护带（B）。包括水生缓冲带的核心生境区范围，对两栖类和爬行类为142—289m，具体数据见上表，为避免边缘效应，在核心生境区外应再增加50m的缓冲带。

于上述原因，给出一个一般性的廊道宽度值是不可能的。但是，一般来说，宽廊道比窄廊道更有效，其原因主要有以下几个方面：

• 宽廊道接近于林内环境，边缘效应小。

• 宽廊道能在较长时间内维持廊道的植物组成，提高长期保护的价值。

• 宽廊道常涉及各种地形，形成多种生境类型，能为某些特有物种提供适生生境。

• 宽廊道能为野生动物提供更多的生存机会，对于活动范围大的物种有利。原生生境范围大的物种，在生境范围小的物种的窄廊道中常常不能成活。

森林景观中野生动物廊道设计值得注意的几个问题

关于森林景观野生动物廊道的设计，林登迈尔和富兰克林列出了六个值得注意的关键问题：

"针对特定的设计目标和影响野生动物廊道应用的相关因素，应合理的设计野生动物廊道网络。廊道网络的设计和建设应注意以下几个关键问题：

• 哪些物种可以在生境区间移动而不需要廊道，哪些物种依赖于廊道，依赖程度如何？

• 在森林景观中，森林生产对廊道的应用有哪些限制性影响。

• 哪些物种将因廊道而获益？

• 廊道能发挥迁移通道的功能，还是还能够提供合适的生境？

• 廊道与哪些类型的区域建立了联系，会给物种生存带来哪些益处？

• 廊道所在区域周围的景观情况如何？

遗憾的是，大多数有关野生动物廊道的研究都是在农田景观下进行的，廊道与周围田野截然分开，并且常常是永久性的。在森林景观中，廊道与其周围环境的对比不如农田景观那么明显，并且随着森林的生长和采伐更新，还会出现动态变化。因此，将农田景观中有关廊道的理论，推广到有管理的森林景观中是否合适就值得怀疑。"

第3章

外观及其他感官要素

3.1 问题的提出

公园既要容纳人类的各种活动,又要融入自然之中。满足不同人群对公园的需求,对公园设计师来说是一种挑战。比如,许多人喜爱非洲稀树草原式的公园;绿茵茵的草坪点缀着几株高大乔木,视野深邃,空间开阔。而有些人则喜欢更贴近自然的公园,花草树木尽可能地不进行人工修剪,用乡土植物增强公园的天然性。还有的人喜欢公园布局规整,有更多的人工建造的设施。公园设计中常使用的一些要素,如天然残留区,有些人则不喜欢。但是,经过精心设计,特别是对其边缘的精心设计,可以将这种区域改造成如画的美景,为公众所接受,并提醒公众要对这些地段加以留心和注意。

公众来到公园,不仅用眼睛看,而且还要用鼻子闻,用耳朵听,用心去感应。一年到头,从早到晚,公园的视觉、气味、声音和质地都应不断地发生变化。这一点,对公园设计师来说,是非常值得重视的。

3.2 背景

社会问题

目前,有关开放空间的研究主要集中在感觉方面,特别是什么样的开放空间对人类更有吸引力。纵观开放空间的研究过程,早期的研究重点主要是寻找共性空间,后期则演变为寻找异质空间,在这两类空间研究中都用到了"自然"的一般性定义。乌尔里克(Ulrich)写到:"假如在某一景观中植被或水体占主导地位,人造景观如建筑、小汽车等很少或不处于显著位置,那么一般来说,美国人就将其视为自然景观。"

图 1-21　偏重自然美,减少人工修饰,这在当代崇尚自然的设计中已成为一种流行趋势。

图1-22　修剪整齐的草坪。点缀上具有庞大树冠的乔木，配上适宜的建筑设施，构成一种新型绿色空间。这种空间已被许多人所喜爱，并给予较高水平的维护和管理。

图1-24　这条小路上，人流量较高。这个垃圾箱很不协调。

图1-23　有些人则喜欢规则式的、离自然较远的设计。

早期发表的一些文献中提出了一组美学要素，这些要素已为大家所公认，并且适于不同的文化背景。它们是：

- 水体。
- 树冠开张的树木，形状似金合欢（冠形相对开张，呈花瓶状，质地细腻）。
- 稀树草原，仅有上层树冠，没有明显的中间冠层。
- 平坦光洁的地面铺装。
- 高强度管理，有人造特征。
- 没有建筑物或建筑物不显眼。
- 开放与封闭平衡。空间既不特别开敞，也不特别封闭，不像茂密的森林，在其中难以辨别方向，易于诱导犯罪。

最新研究表明，对于上述美学要素并不是人人都喜欢，不同的人或不同的人群还会有不同的喜好。

- 大多数人都喜欢树冠开张的树木，但是几乎全世界所有的人也都喜欢与树木一同成长。
- 人人对其成长环境都有明显的好恶感。
- 城市人群、低收入人群、美国黑人和儿童群体倾向于洁净利索的绿色空间。许多人也赞赏建筑物，因为建筑物为他们提供生活必需设施。
- 在公园、景观设计、园林、林业和其他环境领域工作的专业人员和活动家，有非常明显的偏好和厌恶，并且常与公众有明显差别。他们通常都喜欢有更多的植被，而有些人更崇尚自然。
- 对于居住区及邻近地区的景观和环境，不同的人有不同的嗜好，有的对某方面满意，而另一些人则对其他方面满意。即使在新开发区，景观变化也是多种多样的，有的地方高度人工雕琢，有的仅仅是维护现有植被以完全自然的方式生存下去。

图1-25　宽敞的草坪，零星地分布着几株乔木，许多人喜欢这种风格的公园，并且随着树木的成长，公园会更加吸引人。但是，从生境的观点来看，价值都不是很大。

还有许多美学要素，我们没有涉及或涉及不多，比如运动场地上运动设施的色彩等。虽然不同的人有不同的喜好，但其原因却不是很清楚。正如施罗德（Schroeder）所指出的："住在中心城区的人们，对于城市森林很少看重它的植被特征，而是更多地关注它能够提供什么有益的活动。城市居民常常抱怨城市里的树木太多。"由此所引出的问题是："住在非中心城区（郊区）的居民，因为有更多的机会接触自然，就喜欢更亲近自然的娱乐场所吗？或者他们选择在非中心城区居住，就是因为更喜欢自然？"

卡普兰（Kaplan）等人还提到了另外一种情形：既要有综合复杂性和神秘性，又要有一致性或秩序性、可辨识性和突出性。也就是说，好的环境，建立在各环境要素的有机组合之上，不同的环境又各有其独特之处。关于某个自然区域的外观形态，已有许多研究报导。但是，与自然区域相比，公园能够提供其他重要感官体验。沙沙作响的树叶、新鲜的空气以及喷涌的喷泉，创造出独特的感觉体验，与都市中其他区域具有明显的不同。关于公共空间，一个非常重要、但常被忽视的特性是它的相对安静性，即相对于城市的其他区域，公园公共空间要安静得多。有学者认为，相对于建成环境，公园环境越贴近自然，其组成越简单，但却更吸引人，更能使人摆脱压力。

在视觉领域，不同的人群对公园的感觉不同。有关这方面的研究不是很多，高伯斯特（Gobster）曾于2002年做过研究。他以芝加哥的林肯公园作为研究对象，按种族进行调查。调查总人数为898人，涉及黑人、拉丁美洲人、亚洲人和白人。观察一天中的不同时间，对公园各不同区域的使用情况。高伯斯特写道：

研究发现，人们对环境和发展所表现出来的差异比预先想象的要复杂。早期的研究表明，与白人相比，黑人较少谈到公园的自然特征，而更多的关注公园的各种设施和社会活动。拉丁美洲人和亚洲人比白人更注重公园的景色、开放空间、树木、水体以及其他一些自然特征。某些人群很看重公园的非视觉特征。不少拉丁美洲人把能在新鲜空气中呼吸，看作是一个很重要的方面，"新鲜空气"和"湖边效应"成为他们所喜欢的公园特征。上述实例表明，有些人群很看重感官要素，但在视觉感觉评价中，感官要素常会被忽视。总之，人们对公园的感觉和体验是很复杂的，既涉及对场地的敏感性，又涉及各自的文化背景。我们必须清楚地认识到，对同一场地，不同的人会给出完全不同的解释。

图1-26 在娱乐设施上体现出舒适和美感，常常是比较困难的，就像这里的棒球场。设计时就要特别加以注意，既要发挥其功能，又要有美感吸引人。行道树可以改善这类区域的视觉效果，同时还能为观众和运动员遮阴挡风。

图1-27 在上面两张照片中，沿路草地修剪带，显示人工管理的痕迹。外观整洁，有较多的自然空间和未经修剪的植被。下面一张图片中，在更贴近自然的区域，植物设计采用了大量的有花乡土植物，具有乡村别墅花园的气息，对用户更加有吸引力。

图1-28 池中喷泉和儿童溅水发出的声音,创造出一种悦耳的声环境。

图1-29 在中心城区的这家公园里,树荫、水声和水中倒影,再加上植物的质感,令人感到景色无限。

生态问题

在小公园的空间范围内,同时满足美学和生态学两方面的要求,不是一件容易的事。前面已经指出,大多数人认为,美丽健康的公园具有高大的树木、平整广阔的草坪、蜿蜒的小路和涌动的喷泉,景色如画。有些比较喜欢自然景色(如草原和沙漠植物)的人,常常认为需要对这些地区进行高强度的维护。当涉及到生态学上的演替理论时,公众所持有的有关健康景观的观念就遇到了麻烦。例如,从生态学家的观点来看,公园中倾倒的树木和灌木下层,是良好生境的标志,但公众却认为它们使公园显得凌乱和不安全。

鉴于上述情况,公园设计师和管理人员需要制定这样一种经营策略:"既能发挥公园的生态功能,又具有社会可接受的景观美。在设计和管理时,预先确定一套景观美学特征,然后按照生态健康的要求去进行经营和管理"。经营者和设计师还需要"插入一些标志性的东西,对体现健康生态系统的景观,表明人的存在和人对景观的管理"。边缘修剪、增种乡土野花、沿森林边缘有选择地修剪等,都属于人类管理的标志。不过,上述策略有时也会带来一些不必要的麻烦。例如,在明尼苏达州明尼阿波利斯市的许多公园中发现,公园的边界区域,修剪带的草种向乡土植被区入侵。纳绍埃尔(Nassauer,1992年)指出,有关生态系统的公众教育,对于提高人们对健康景观的认识能力和接受能力至关重要。

3.3 基本设计原则

(1)大多数公众喜欢公园里有开张的树木、低矮的下层灌木、平整的地面铺装、弯曲的视线、少量不协调的建筑和水体,但是也要考虑少数群体的需求。这种需求可能会创造出更加贴近自然和更规整的美景,至少在公园里的某些区域会如此。

(2)在需要引入具有生态价值,但却缺乏吸引力的要素时,规划时应采用设计暗示手法,对游客进行引导,如边缘修剪或由植物构成整齐划一的边界。紧凑的开花灌木能形成下成冠层,既整洁,又不阻挡视线。最有用的设计暗示是:"预先设定所期望的景观美学特征,然后按照生态健康的要求去进行管理(纳绍埃尔,1992年)。"例如,对于一个城市公园的恢复(2.2),在生态选项上涉及一条通路和一个环形焦点。但是在进行生境设计时,并不需要着意去刻画它的自然性,而是可以有比较规整的形状。

(3)设置宣传教育标志,向公众展示景观美和生态功能对公园管理和维护的影响。诺韦尔(Novel)的"生态功能表现法"值得考虑。如蝴蝶园,可以向公众展示授粉和授粉者在景观中的重要地位。隐藏于阴暗地段的小溪，可以想法让其充分接受阳光或者干脆不设置任何遮盖。对学生来说，这种小溪就是一个活生生的实验室，同时它又可以作为一种暴雨管理策略。

（4）设置人行道，两侧景色富于变化，如栽植开花树木或灌木。在生态功能和观赏效果上，要考虑季节和气候变化。植被结构和植物类型可因气候和季节而不同。在温带地区，在有林地和开花多年生草本植物之间，可设置分隔带。在干旱地区可以增植抗旱性强的开花多年生植物。

（5）景色多变，随时间和地点而变化。为游客提供观赏城市野生动物的机会，如鸟类和其他授粉动物。永久性的水源可为许多生物提供生活场所。

（6）考虑公园内微气候的季节变化，为用户提供多种选择。在温带地区应创造斑驳的遮阴效果，使游客感到舒服。在炎热潮湿的夏季，必要的话额外增设遮阴设施。在干旱气候条件下，夏季可以长达6个月，大多数小公园都无法提供足够的遮阴。这种情况下应设计多种遮阴方式，如高大的树木，建筑性设施（如亭子）和有遮阴的人行道等。两种气候条件下都可以考虑利用水的冷却效果。

（7）对于公园中的植物和设施，不必期望赢得每个人的欢欣。

图1-30　气味：A.人行道旁的多年生和一年生开花植物，使边界花香四溢。B.刚修剪过的草坪，可以闻到草的气息。C.春天，空气中弥漫着开花树木的香气。

图1-31　声音：A.距池塘不远，可以听到鸭子的鸣叫和池水的飞溅。B.行走在铺砌鹅卵石的小路上，会听到咔哒咔哒的声响。C.距大街不远处可以听到过路机动车穿梭流动。D.在这块相对安静的地方设置了休息长凳。

图1-32　视觉：A.色彩和质地多变的花镜。B.叶色随季节而变换。

图1-33　触觉：A.不同类型的花产生多样的质感。B.开阔的草坪平滑松软，是放松休息的好地方。C.鹅卵石铺就的小路质感粗糙，与其周围松软的草坪对比鲜明。D.池水质感凉爽和新鲜。

3.4　精选资料

最常用的美学要素

大量研究表明，下列美学要素最受欢迎，最具吸引力。

- 水体。
- 高大的树木，树冠茂密，眼高部位叶片稀少。
- 高强度管理维护。
- 结构合理。
- 没有城市噪声。

在一篇评论性文章中，乌尔里克提出了其他一些受欢迎的景观要素。

- 景观要素多，具有相对独立性（综合性）。
- 视觉焦点或其他有秩序的格局。
- 景深中到高，定义清楚。
- 地面平整，看上去可以在其上滑行。豪华铺装、草坪或繁茂的杂草都属此列。

· 地面光洁平整，人们能在其上畅快地流动，豪华铺装、草坪或各种草本植物自然组合覆盖都可以。反射或弯曲视线，使游客感受到视线以外的景观信息。

· 风险小。

· 水。

乌尔里克和施罗德还发现，没有树木配置的景观很不受欢迎，城市建城区尤其如此。大多数人不喜欢低矮的小树、倾倒的树木和浓密的下层植被。

对树冠形状的偏好

关于人们对于树冠形状的偏好，萨默（Sommer）进行了全国性的调查，调查结果分别发表在两篇文章之中。在第二篇文章中，受访公众为504人。调查发现，人们对金合欢属植物的冠形有很强的偏好。

树木、水景和规则式花园

高伯斯特以芝加哥市林肯公园为例，对507名成年人进行了调查，利用因子分析法划分出了5种景观区或景观类型。水景和规则式花园受访率最高，这5种景观类型是：

· 发达区域：主要场景为建筑、高速公路、市内道路、停放的小汽车和停车场。大多数建筑属公园建筑，从景观角度来说，该类型属于景观感觉最差的一种。

· 树林区：公园内植被区，远离道路、河岸和停车场，包括稠密的树林或树木与草坪的混合配置。吸引力中等到中上。

· 散生树木区：有大面积的草地，其中零星分布着少量树木。吸引力中下到中等。

· 河岸线和水域：如湖面、池塘或环礁、湖，令人感觉宽敞。吸引力中上到上等。

· 规则式花园和组合区域：位置不限，特征各异，既有自然式，也有人工式。共同的特征是都带有规则式园林构园要素。常见的实例有，规则式池塘和咖啡馆、高尔夫球场、规则式小花园、小型雕塑和喷泉等。

内城低收入的美国黑人，在公园整洁性和维护管理方面的偏好

塔尔博特和卡普兰（Talbot & Kaplan）在密歇根州底特律市，对97位居民进行了调查。被调查对象主要为低收入的黑人群体，长期居住在旧城区。调查发现：

维护管理好、人工营造特征明显的地区，比相对未开发的自然区域受欢迎。整洁和舒适，如有休息长凳和崎岖的小路，在公园吸引力排序方面占有一定位置。进行景观要素分析时，人工营造的造园要素明显占主导地位。不论是对造园要素的分析，还是每个人通过照片所进行的分类排序，都体现出了对公园维护和管理的关心。在感觉要素方面，修剪良好的区域比修剪差的区域受欢迎。不管周围的景观如何，从各种感官要素来评价，修剪整齐、井然有序的景观，比无序杂乱的景观受欢迎。因此，虽然整洁要素在景观舒适性分类方面与感觉要素并不常常表现出一致性，但是在景观舒适性排序方面却占有重要位置。

尽管受访者都愿意更多地亲近自然，但是对于某些户外区域却很不喜欢。树木茂密，下层植被过多的区域不受欢迎。最受欢迎的景观是，有树，但数量不多；植物修剪整齐，能在其中穿行；配备有各种人工设施，如通道和座椅等。运动场视野开阔，游客危险性低，这一点在受访者的评价中

低收入黑人居民调查表   1—4

特征要素	赞成人数
不受欢迎的特征	
混乱无序（包括噪声、杂乱、肮脏、设施失修等）	56
杂草	55
环境阴郁（过于黑暗、或灌木丛过多过密）	43
安全程度	41
树木（过多或生长不良）	38
受欢迎的特征	
树木（树木多、高大、种类丰富）	92
人工设施（秋千、遮阴棚架、休息座椅、人行道、运动场、通道、篱笆、球场）	84
整洁性（植物修剪、设施的维修管理等）	84
美观性	76
停车场	69
水景	69
野生动物区（鱼类、鸟类和松鼠等）	42
安全	41
自然美感（非人造美景，如树木和乡村景色）	41
适于居住	39
道路	37
步行区（平坦易达）	33

占有主要位置。要知道，在某些植被缺乏修剪的区域，对游客安全会构成一定的威胁。

年龄差别：年青人注重美，老年人注重维护管理

在康涅狄格州纽黑文市，泰勒对144名居民分别进行了两个小时的采访，受访者按种族、祖先、性别和居住区的空间状况进行选择，黑人（牙买加人，美国黑人）63人，白人（意大利人及其他种族的人）81人。调查发现，年龄不同对景观的评价明显不同。

"景观评价性别之间差别不大，年龄之间却有明显的差别。16-19岁的年青人喜欢公园，更多关注公园优美的景色和幽静的环境，而老人则多关注公园的各种设施。45岁以上的人非常注重公园的维护管理。在16-19岁的年青人当中，有1/3以上的人为公园的美景所吸引，而在45岁以上的受访者当中，没有人关注公园景色是否美丽。"

中心城区儿童对景观的偏好

西蒙斯（Simmons）研究发现，儿童对不同的绿色空间有明显的选择性，校园和城市中的自然景色最受欢迎，并且校园是最典型的城市建成环境。大面积的密林、展现出"野性"的自然，但不受孩子们的欢迎。

广场设计注意事项

从波多黎各广场研究中发现，对于城市中心公园和广场的设计应注意以下几个方面：

- 设置宽广开阔的类似广场的区域。
- 类似中心广场的公共空间，应尽可能地与邻近居住区和商业区建立连接。
- 广场应有一定数量的开放铺装地面，用植物种植床相隔离。
- 铺装地面在色彩和样式上富于变化。
- 种植床上采用树冠庞大的树木，以便遮荫和定义分隔空间。
- 设置具有地方文化特色的活动和设施，如骨牌桌、售货小推车和市场等。
- 公共空间应具有多种用途，可以安排多种活动。
- 开放空间和结构性元素，如建筑物和有关的柱、杆等，应色彩亮丽，装饰精美。
- 设置具有民族特色的人文景观，可用壁画来描述。

紧张压力与绿色区域

乌尔里克等人对有关文献研究后发现，绿色区域可以减轻人们的紧张和压力。

"简单地说，文化诱导观点认为，当代西方文化使人们倾向于崇尚自然而不喜欢城市。通过休假和其他休息娱乐活动，人们会主动地对自然环境产生好感。感应刺激理论表明，刺激水平低，恢复速度快。自然景观复杂程度和刺激性动力相对较低，有助于人们从紧张和压力中得到恢复，过载理论认为，对于因某种刺激而处于压力中的个体，遇到相对较低的外界刺激时，能够较快地得到恢复。其原因是，如果再给予复杂程度更强的外在刺激，个体就会产生适应性，不能消除原来的紧张和压力。"

上述三种观点，文化诱导、外在刺激和过载，演化集中到一点，清楚地表明，与大多数城市环境相比，没有危险的自然环境更有利于人们从紧张和压力中得到恢复。

公园能够提供安静平和的环境

关于公园的平和与安静，施罗德写到："植被，特别是树木，再加上一些其他自然要素，能显著提高场地的质量。人们心目中的'自然'以及'安静平和'，是指城市公园和城市森林，可以使人们暂时摆脱人造城市环境，去接触和享受自然环境。"

第 4 章

自然性

4.1 问题的提出

在大都市区,自然性可能是最具争议的问题之一。自然性和自然美是与当地文化传统紧密相关的,公众一般认为自然景观从生态学角度来说是安全的。但是,在外观和功能上景观应该达到何种程度才属于自然景观?符合自然美?什么样的自然景观才是可以被社会所接受的?诸如此类的问题仍然有待回答。

4.2 背景

从生态学上来说,如把自然引进城镇,那么城镇的自然化程度取决于公园的大小和形状以及邻近公园的数量。同时,它也受到人们对休闲娱乐、安全性和其他需求的限制。关于这两点,有许多文献从不同的角度进行过描述。从社会学的角度来考虑,城镇的自然化就等同于绿色区域,要求在设计时加大绿色植被面积,并且进行有规则的种植。从生态学方面来说,以前的研究工作主要集中在原始自然区域。但现在,观念正在发生变化,研究人员开始认识到人类在这个世界上所占有的主导地位。联系到本书前面内容中所谈到的人类美学取向,"城市自

图 1-34 具有一定生态价值的城市湖泊。未经修剪的湖边植物与重要的社会活动场所(背景中的集市),建立起了密切联系。

然化"应该达到何种程度就更加清楚了。当我们使用"城市自然化"一词时,从生态学的观点来说,是指人类定居区的绿色区域(自然区域)。这里所说的定居区,既包括小城镇,也包括大都市。当我们谈到"城市森林"时,也采用相同的概念。

社会问题

关于城镇的自然化程度,不同的人有不同的看法。在密歇根州安·阿伯(Ann Arbor)市对 300 位开放空间使用者调查后发现,在空间管理人员、志愿者、邻居和来访者当中,管理人员和志愿者表现出一种理

念性的看法,即他们偏向某种特殊类型的景观,如大草原,而不是拘泥于某一特殊的场地。其他人则更看重某一专门场地,而不是概念性的自然,希望这种场地能够发挥其社会功能,如提供娱乐和观赏。有些人希望在自然区域当中看到整齐有序、植物修剪良好的景观。在生态恢复方面,不少人还感到困惑。例如,许多公众,甚至包括一些公园设计和管理的专业人士,不喜欢砍伐树木的生态恢复方法,把它看成是非自然的,即使在生态学上作为一种调节性恢复措施必须砍除某些树木。

对于某一场地,其自然化程度如何,还涉及一些其他因素。受过高等教育的人通常对野性的自然更感兴趣。风景园林学生和环境保护专业人士,对开放空间的反应与一般公众大不相同,即使对开放空间非常关注的同一类人群,其偏好仍有不同。例如,在植物园工作的工作人员喜欢密林,而在市郊工作的人员则喜欢疏林。

研究发现,住在中心城区的成年人以及住在郊区和农村的孩子们都不太喜欢过于荒凉的环境。因此,一般地说,当人们提到喜欢自然景观时,并不是指那种完全自然演进的景观。

图1-35 公园为各种年龄段的人提供受教育的机会。图中游客一边欣赏景色,一边与池塘边的野生动物嬉戏。

图1-36 公园为鸭子及其他动物如昆虫、松鼠、鸟类和兔子,提供生存环境。

生态问题

从生态学的观点来看,探讨某一城市景观的自然化程度,特别是它随空间和时间的演化而发生变化的情况,是非常困难的。比如在美国,生态区作为一个分类系统,用它来判断某一地理区域因气候、降水、海拔高度、土壤、地质、地形地貌和水分变化而引进的土地利用、土地覆盖和植被类型变化情况,以及生态区与生态区之间的区别与差异,如高草草原生态区与森林生态区等。其他国家和地区也有类似的分类系统。对公园设计师、规划师和管理者来说,这些分类系统对于准确了解设计地区的各种背景情况非常有用。一个区域内,主要土地利用类型和覆盖类型的变化,会对小公园的生境类型产生影响。反过来,生境类型的变化也会影响到小公园的设计、规划和管理。

城乡变化梯度,可以帮助我们了解不同场地所具有的多种景观的作用。麦克唐奈和皮克特(McDonnell & Pickett)在其经典文章中,描述了如何用城乡变化梯度来分析理解都市区内各种不同的绿色区域和生境组织安排情况:

城乡变化梯度,概括地说,就是环境在空间上的有序变化。环境空间构成生态系统的结构和功能,进而影响着人口、社区和生态系统。

以城市森林为例,布拉德利(Bradley)对城乡梯度的概念进行了扩展:

从市中心到荒郊野地,可以利用城市森林梯度来分析理解城市森林景观建设的可能性和局限性。在这一梯度链上,最明显的差别是人口和植被的数量及分布。在市中心,人口密度大,植物相对稀少。在梯度链的另一端,也就是荒郊野地,人口密度低,植物相对较多。

在气候变化较大的地区,在城乡梯度链上会出现多种植被类型,如灌木林地、小榭树林、草地、湿地和稀树草地等。植被组成和丰度从市中心到外城发生连续的变化。近来,城乡梯度的概念对社区开放空间的设计和规划也产生了一定的影响。

城乡梯度理论和自然景观理论所涉及到的一个重要方面,就是景观演变问题。景观演变这一概念似乎有点抽象，但强调了景观演变与景观健康之间的关系。城市化程度不同，地点不同，景观因外来干扰而发生演变的程度不同。例如，外来植物的入侵已成为全球小公园管理当中令人头痛的问题。设计人员、规划师和管理者应选择一些典型的个例进行深入研究，找出那些在外来植物和激烈竞争下仍能正常生存的本土植物，为当地野生动物提供良好的生存环境。

4.3 基本设计原则

（1）小公园的设计应充分考虑到邻近居民的特点。例如，市区居民与城郊居民对景观的趋向就有所不同。在郊区有林地带，居民们更喜欢有所变化，应设置较多的娱乐活动设施。

（2）对公园进行恢复改造时，不要破坏或改动那些很受欢迎的景点，如确需改造，也得小心谨慎。

（3）如要将某处公园恢复到其原始自然状态，就要详细阐明改造的理由以及改造后给公园本身和公园使用者带来的益处。

（4）不要试图一次把所有东西都恢复到其原始自然状态。对公园进行恢复改造时，要考虑到植物群落及其结构在空间和时间上的自然演替。要在公园中的一些关键地方，如诊治疗区和游乐区，从社会学方面来看其是否可以被接受。对植物群落随时间所进行的演替，要制定良好的经营管理计划。计划要清楚明白，便于受过训练的志愿者遵守。

（5）考虑增加色彩亮丽的本土植物或外来植物，即便对于公园当中的本土植物区也应如此，以增强对公园恢复改造的支持。亮丽的色彩可以增强植物的吸引力，延长开花季节。

（6）确认公园所在地属于哪种类型的生态区，便于了解其所在生态区的生态特征，设计出可持续发展的公园景观。了解公园所在地区生态史也很有用。

（7）以城乡梯度思想为指导，合理安排小公园的植被类型和自然化程度。城乡梯度思想也是以小公园为核心的区域生态经营管理的基本理论依据。

图 1—37　色彩艳丽的开花植物引人注目，有助于获得公众对自然更新改造的支持。

4.4　精选资料

城郊和乡村儿童不喜欢荒凉地段

比克斯勒和弗洛伊德（Bixler & Floyd）采用问卷的形式，就儿童们对开放空间的恐惧和不安情况进行了调查。调查对象为得克萨斯州8年级中学生，总计450人，其中乡村中学280名，城郊中学101名，市区中学69名。在种族组成上，白人占50%，拉丁美洲人占28%，黑人占15%。问卷由学校组织分发收集，回收率为89%。通过这样一个大样本调查，研究人员发现，孩子们不喜欢荒凉景观。"自我评价反馈显示，对于荒凉景观及其相关的活动，孩子们表现出不喜欢的态度，而对于室内环境及其相关的活动，则表现出浓厚的兴趣。这种现象在乡村学生和城郊学生身上体现得更明显。这与一般流行的看法不同，以前我们认为只有生活在城市中的人们才不喜欢自然环境。

在草地恢复方面，公园管理人员与公众的差异

拉费托（Raffetto）采用实地调查和照片分类的方法，在林肯公园内及其周围地区，选择部分游客、学校学生、社区居民和公园管理人员，就公园的生态恢复问题进行了研究。研究发现："在进行公园恢复时，是否有必要对公园内的草地进行恢复，公园管理人员与公众的观点差别很大。从生态系统角度考虑，公园管理人员认为，恢复草地极其重要，而一般公众则把草地恢复对生态系统的重要性排在最末位。"

公众不喜欢某些恢复技术，特别不喜因恢复而砍伐树木

为了解公众对芝加哥地区不同生态恢复方法的态度，巴罗和布赖特（Barro & Bright）向881位居民发放了问卷调查，问卷回收率为55.8%。为弥补问卷调查的不足，对未回应居民又进行了电话调查。在发表的文章中，研究分析作用的数据全部来自库克（Cook）县，样本数量为563。研究发现，大多数受访者都支持对芝加哥地区进行生态恢复。但是，对于公园的某些管理措施却持否定态度。有四分之三的受访者认为，如果生态恢复就是要砍伐成熟木、使用杀虫剂或牺牲业已形成的野生动物生境，那么还不如不进行恢复。有一部分人，占54.7%，感到砍伐或烧毁植被降低了该地区的吸引力。

调查发现，人们对于芝加哥地区的景观演变历史，不但缺乏了解，而且还抱有一些错误的观念。例如树木和森林是很明显的生态类型标志，对于在采伐迹地上或采矿迹地上有植树造林，人们都表现出理解和赞同，但是对于按项目总体规划需要，伐除某些树木却感到气愤和不理解。

外来物种恐惧症？园艺学家、花园设计师和风景园林设计师对本土物种和外来物种有不同的看法

关于本土物种与外来物种之间的关系，西契摩（Hitchmough）和沃德斯特拉（Woudstra）对有关专家进行了研究调查：

据卡尔诺基（Kalnoky）调查，对于在英格兰城市景观中所使用的多年生外来草本植物，在受访的200位园艺师、花园设计师和风景园林设计师当中，几乎都意识到这些外来物种的威胁，并且大部分人都过高地估计了那些已经驯化了的外来物种对当地物种的负面影响，有些人则要看外来物种所处的环境。大多数受访者认为外来物种与本土物种要有一定的位置隔离。以前认为外来物种在城市和乡村都可以种植，但现在一般认为，外来物种主要应种植在乡村。

大多数人都希望将外来多年生草本植物种植在传统的公园的边界位置，而不要与本土物种相邻。之所以有这种观点，一个主要原因就是，他们认为外来物种与本土物种混合种植，外来物种会争夺本土物种的自然领域*。

草坪草、美学以及本土植物

纳绍埃尔（Nassauer）对居住区景观，特别是草坪景观进行了研究。随机抽样，样本大小为34人，包括郊区居民和当地植物学会会员，让他们观看郊区居住区景观彩色幻灯片。研究发现：

"总的来说，不具备植物专业知识的人员认为，传统的草坪更具美感。具备植物专业知识的受访者认为，那些有75%的草坪被替代的处理更具美感。很明显，生态学知识在景观感受方面发挥了作用。"

"然而，最具指导意义的是，各受访小组对于处理4的反应没有表现出明显的差异。在处理4中，有50%的草坪被野生草坪植被所代替。尽管

---

* Reprinted from J. Hitchmough and J. Woudstra. 1999. The ecology of exotic herbaceous perennials grown in managed, native grassy vegetation in urban landscapes, *Landscape and Urban Planning* 45:107-121. © 1999 with permission from Elsevier.

知识水平较低的受访者喜欢传统草坪（处理1），知识水平较高的受访者喜欢有75%的面积被替换的草坪（处理5）。但是对于处理4（50%的草坪被替换），各组受访者都能接受，说明处理4的美感效果最好。"

景观美、野生动物生境与森林的结构和功能

布拉德利在对城市森林做过一番研究后强调指出，应在满足城市森林基本目标的前提下，尽量减少经营管理方面的麻烦。他写道：

"最简单的森林结构形式就是路边的孤植树，可以提供遮荫或为人工环境提供人性化服务。另一种极端情况，也就是最复杂的森林结构形式，树种多样、含有不同的年龄阶段，有灌木和林下植被衬托，按一定的空间布局进行种植。这种结构形式，具有水平和垂直两个方向上的物种多样性，林内既有活立木，也有死立木，还有倾倒木。这种森林景观有序性较低，视觉感官评价得分不高，但它却为野生动物提供了丰富的生存环境。"

"为了使项目获得成功，就要充分理解营造城市森林的目的，以及为实现这一目的所必需的森林结构。为某一目的而设计的森林结构类型，如再赋予其他用处，往往就会带来麻烦和冲突"。

纽约市城乡梯度链上生态特征、森林构成要素的差异和变化

在研究落叶和木本植物幼苗分解情况时，柯斯特尔-休斯（Kostel-Hughes）等人发现，可用城乡梯度来解释森林生长和森林更新所表现出来的位置差异：

"近十多年来，许多学者对于城乡梯度进行了研究。从市中心沿着城乡梯度链向外，随着距离的增加，人

口密度、交通流量以及非农业用地所占的比例逐渐减少，森林面积和森林斑块的平均面积逐渐增加。在城乡梯度的城区端，月平均温度比郊区端高2-3℃，年平均降水量高50mm。城市森林土壤中铅、铜和镍的含量都高于郊区森林土壤，土壤的含水量也相对偏低。普雅特（Pouyat）等人发现，在乡村森林当中，红栎树落叶露天曝露9个月后，真菌菌丝总长度是城市红栎林落叶的两倍。施泰因伯格（Steinberg）发现，城市森林中蚯蚓（由人类传播的非本土植物）的数量是乡村森林的12倍，蚯蚓总生物量是乡村森林的40倍。普雅特还发现，城市森林中枫树落叶在垃圾箱中的分解速度，是乡村森林枫树落叶的两倍。"

大城市近郊地区划具有乡村梯度特征，对城区中鸟类、植物和捕食性动物的种类和数量有重要影响

梅斯塔斯（Maestas）等人对科罗拉多州柯林斯市近郊区域进行研究后发现，从近郊地带、保护地，到农场，在这样一条乡村梯度链上，出现三条明显的生物物种区带：

"在近郊区，有大量的树巢鸟类和与人类共生的鸟类，哺乳类捕食性动物的数量也高。在保护地和农场，地栖和在灌木中筑巢的鸟类增加，而且实际上没有家养捕食性动物。还有一点不同，就是在农场区，非本土植物所占的比例比保护地和近郊区所占的比例小。"

第5章 水

5.1 问题的提出

美丽的水景令人神往。野生动物和植物生长生存需要水。城市地表水（包括公园硬质表面径流以及邻近居住区和商业区的地表径流）的下渗，离不开城市公园。一些在城区被掩盖于地下的河流，在城市公园里可以重见天日，即使其历程并不很长。滨水和湿地使小公园生境丰富多变。所有这一切都说明，在小公园设计和管理当中，水是一个很重要的因素。

图1-38　水因造景而珍贵，但即使是小公园也能调节降水径流，改善水质。

5.2 背景

社会与生态问题

小公园中水的管理涉及两个方面，一是排水，如运动场；二是保水，即尽可能地保留更多的水分。水的管理就是要在这两者之间建立一种平衡。虽然看起来，小公园面积小，水的管理并不复杂。但是，小公园的用水量大，必然带来一些与水相关的问题，如运动场地土壤紧实度的增加，道路两侧和斜坡附近土壤的侵蚀，以及雨水渗透性的降低等。这些问题有些是由小公园本身所引起的，而有些问题则是由小公园外的因素所造成的。当前，最主要的原因就是公园周围地区的城市化问题。

关于小公园中水的管理，第一步就是了解小公园所在城区的水文过程以及这种过程所带来的潜在影响。大面积的不透水表面，如建筑物、停车场、街道、机动车道、人行道等，给水资源管理带来许多问题。其他问题还包括河流溪水的改道，如将河流溪水转入封闭的管道系统、或由混凝土砌筑的开放性渠道。从短期效果来看，这种改造有利于防洪，但从长远来看，改道使河流和溪水某些珍贵的内容丧失，如观赏性、长期防洪功能和野生动物的生境等。

小公园中水的管理离不开对公园具体情况的分

图1-39 城市河流和小溪将小公园连接在一起。

的叫绿色基础设施，有的叫绿色通道，还有的叫生态恢复，等等。本书中给出了许多设计实例，用以说明如何使公园中的水直接渗入地下。最常见的实例之一就是雨水园。在雨水园中设置浅的沉淀池，里面种植植物，水可以在这里汇集下渗。对于大量的地表径流，可以通过精心设计的雨水池来解决。无论哪种情况，水与土地之间的相互作用过程都可清晰地展示给公众。

5.3　基本设计原则

（1）进行场地分析，了解公园在流域内所处的地理位置以及与其他水源之间的关系。位置本身就能够在某种程度上揭示出公园所具有的潜在优势、局限性和风险。公园是位于水域的上游，还是位于水域的下游？设法找出流域内环境敏感性的水源，如湿地、小溪、河流和地下河床等。这些水源是在公园内，还是在公园外？

如果公园设计管理部门缺乏水资源方面的专家，可以向有关部门请求帮助，如地方洪涝控制部门、流域管理委员会和自然资源部等。

（2）如有小溪流经公园，就要充分利用溪流的缓冲地带，增强公园美感，更好地发挥其生态功能，如雨水的下渗，洪涝防护和生境保护等。

（3）对以社区为基础的环境教育和环境美化项

析和理解。这主要应考虑三个方面：①公园所在地区的气候、地质和地形情况，它们影响到水源的可利用性和排水方式。②公园所在水域的水源状况，包括地表水和地下水。③公园周围地区的水源情况。要把小公园中水的管理纳入整个水文系统之中，考虑上游水源的变化对小公园中雨水排放所带来的影响。即使城市化程度不高（通常按不透水地面所占的比例来衡量），上述问题也足以对小公园水域产生重大影响。目前，对于不透水地面的确切阈值还无法知晓，但一般认为，在一个水域中，不透水地面所占的比例为10%–15%。某些措施，如沿河种植植物，可以缓解大面积不透水层所带来的不利影响，维护河道的健康和生命。说到此，关键的问题还是在于如何进行设计。

在城市水源和水质保护方面，营造小公园也是可供选择的有效方法之一。在一个风景区内，众多小公园的布设，能够有效地提高整个水域内水的下渗强度。这种方法有各种不同的称谓，有

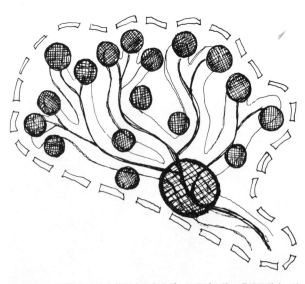

图1-40　水域管理中为了控制水流和水质，经常采取的一项重要措施，就是在上游布设小公园。小公园可以对雨水进行过滤，控制上游开发地段土壤的侵蚀。图中阴影圆代表在这一水域中（虚线）由溪流连接的小公园。

目，通过河流曝光可以收到很好的效果。但是，像河流曝光这样的项目，一般都很大，需要进行长期规划和资源分配。对于这类项目，一般都可从当地政府和州政府获得少量资助。

（4）减少不透水表面，尽可能地用其他形式来替代，以提高地面对雨水的渗透性和滤过能力。如因轮椅通行需要，必须对地面进行铺装，也需精心选择路线，或者铺设大孔隙的铺装系统（资金允许的话）。其他园路应尽可能地多采用透性材料，如木片、草坪等，同时还要防止土壤过度紧实和土壤的严重侵蚀。在土壤侵蚀严重的地段，最好还是选择铺装地面。

（5）采用雨水园和池塘对雨水进行现场渗滤。如寻求更详细的设计策略，见"精选资料"中的低影响开发部分。

河流曝光的好处

（1）日光照射开放水路，其水文性能比管道水路高。
（2）曝光河流能减缓和滤渗径流，防止洪涝和侵蚀，使下游居民受益。
（3）与管道相比，曝光河流流速快，而管道水路会因阻塞而使上游受淹。
（4）有时可以用曝光法对污水进行处理。
（5）曝光法节省资金，得到广泛应用。
（6）河流曝光可以创造新生境和新的娱乐休闲机会，使邻近地区获得新活力，提高相关地产的价值。
（7）曝光可以使人们重新接近自然。
（8）有利于"扩展公众教育范围"以及"公众参与和共同协商"。

5.4　精选资料

河流曝光的定义

关于河流曝光与流域健康之间的关系，平卡姆（Pinkham）有精到的描述：

"在地表水管理方面，人们的态度和方法正在不断发生变化，其中最具理性的转变就是对曝光的认识和采用。曝光，就是有意识地将那些被遮盖的河流、小溪和排水管道，除去覆盖物，暴露于阳光之下。通过曝光，深埋于各种管道之中、终日不见天日的水道得到解放。曝光可以在原来沟渠的基础上形成新的沟渠，也可以营建新的渠道，穿行于城市街道、楼群、停车场和运动场之间。有些河流沟渠经过曝光以后，可以创造出湿地、池塘和支流。"

低影响开发定义（LID）

黑格（Hager，2003年）列出了5种类型的低影响开发设计。所谓低影响开发设计，就是使开发在生态方面所带来的负面影响最小，特别是对水资源的影响最小：

"LID（低影响开发）采取的是区域降水管理法，即创造条件，尽可能地让雨水渗入地下。LID综合管理法涉及的内容很多，主要包括以下几个方面，但并不仅仅局限于这几个方面。

• 保护与最小化。降低居住区街道宽度，减少人行道上不透水层面积，提高铺装地面的透水性或用透水性好的材料和结构替代已有铺装。创建下凹结构或带有降低交通噪声特点的景观结构。

• 水流导引。将水导入长有杂草的渠道或有生物阻截措施的渠道，或将水从不透水区域引入有植被的区域。

• 贮水。通过贮水，降低高峰流量。常见的措施有，人行道下铺设渗水层，对降水进行截流和利用，在房顶、庭院栽植植物、设置障碍物或地下贮水池。

• 滤渗。常采用的方法有沟渠法、本底法和反渗装置法。还可以采用一些景观方面的措施，如建设生物阻渗池、雨水园、降低坡度、加大种植穴、种植本土植物和设置绿色小径等。

低影响开发与常规开发实践成本比较

在项目实施的初期阶段，低影响开发投入较高，但这种较高的投入并不会一直持续下去，从长远来看，还是节省资金的："暴雨管理人员和工程师认为，低影响开发在设备安装和维护管理方面所需的花费太高，一般项目难以承受得起。但是，已经完工的项目表明，对于低影响开发项目，基础设施建设和场地准备工作量减少，能在一定程度上抵消初期的高投入。一些试验性项目和个例研究显示，与常规开发建设相比，因场地准备、防洪和居住区场地维护等方面费用的减少，低影响开发可节省开支约25%–30%。

风险与低影响开发

公众常常担心低影响开发所带来的风险，如蚊蝇增多等。但是海格报道说，这些风险可以通过最佳管理策略（BMPs）得到消除：

"魏因施泰因（Weinstein）解释说，低影响开发所带来的蚊子的增多并不明显，因为低影响开发采取的是最佳管理策略，只是将雨水进行暂时性的贮存、过滤渗漏，不会像常规开发那样形成大量死水，长时间地渗留。虽然瓦恩斯坦还未了解到有关低影响开发风险的研究，但是，他认为项目规模越小，风险越小。科夫曼（Coffman）认为，与低影响开发相比，对于洪水管理，常规开发建设在资金、公共卫生和安全性方面所带来的问题更多。"

在商业区和工业区，不透水地面相互连通，形成大量地表径流，构成最大污染源

班纳曼（Bannerman）对不同表面的污染物承载量和表面径流量进行了研究。试验设在威斯康星州麦迪逊（Madison）市，共46个观测点，观测9-10次降水过程，观测表面有小巷、主要街道、草坪、机动车道、住宅房顶、停车场和平房房顶等。他们得出的初步结果为：

"不透水层面积越大，地表径流量越大。居住区街道面积与住宅房顶面积大体相同，但是在居住区用地范围内，街道产生的地表径流量最大。街道100%的连通，而住宅房顶能够相互连通的只占2%。在商业区和工业区，不透水表面绝大部分是相互连通的，径流量的大小与不透水表面的面积紧密相关。例如，在工业区，停车场的面积最大，它所产生的地表径流量也最大。"

"固体物含量、溶解铜含量和可回收铜含量，在停车场地表径流中最高。磷和粪大肠菌群的含量，在草坪径流中最高。草坪径流量虽然小，但磷和细菌的含量却很高。"

水质与密集型开发

格林和凯利特（Girling & Kellet）采用城市绿地所占面积，对降水高峰流量进行了估算，估算期为2年和10年。他们考察了三种城区类型。第一种，常规低密度规划，代表大多数具有次级开发的模式；第二种，密集近邻村庄规划，代表密集型的、综合的、受新的城市化主义影响的模式；第三种，不常见，但对环境影响小的"开放空间"规划，其开发密度和土地综合利用程度类似于近邻村庄规划，但有更多的开放空间、城市森林和洪涝特征。格林和凯里特得出结论认为，从洪涝管理的角度来看，近邻开发模式开发密度高，土地被综合利用，有大量的机动车和行人通道。目前，这种模式在俄勒冈州和国内许多其他地方都是鼓励采用的。但是，这种模式却不利于水源保护和减少洪涝引进的地表径流。为了克服这一问题，必须采取一些补偿性的措施，在道路、停车场、开放空间、城市森林和洪水之间进行合理的调整。

河流健康与流域内不透水层所占的比例

对河流健康与不透水表面之间的关系进行研究后，阿诺德和吉本斯（Arnold & Gibbons）得出如下结论：

"根据不透水表面所占的面积，可以将河流健康状况分为三类：第一类为受保护河流，不透水表面所占面积低于10%；第二类，健康受影响的河流，不透水表面所占面积为10%–30%；第三类，健康状况不良的河流，不透水表面所占的面积超过30%。最近研究表明，上述分类阈值也适用于湿地的健康评价。希克斯（Hicks）还发现淡水湿地生境质量与不透水表面面积之间具有很好的负相关性，局部水域不透水本底面积一旦超过10%，湿地就会遭受损害。所以说，不透水表面面积是衡量开发对水源影响程度的一个综合性的可靠指标。"

流域内不透水表面阈值与《洁净水法案》

通过对俄亥俄州哥伦比亚市的研究，米尔特纳（Miltner）就不透水面积对生态健康的影响进行了描述：

"当不透水表面所占比例超过13.8%时，用生物综合指数所评价的河流健康状况明显下降；当不透水表面所占面积超过27.1%时，河流水质就会低于《洁净水法案》标准*。"

流域内不透水表面所处的位置影响

在一个流域内，对于某一特定地段，不透水表面阈值究竟多大为好，目前尚不清楚。对现有文献研究后，布拉贝克（Brabec）等学者认为，针对特定地段的不透水阈值是不存在的。原因有以下几个方面：

①不透水表面阈值不是惟一的，是变化的，在一些很重要的流域，很容易看到这种变化。②缓冲性措施，如蓄洪池、沿河缓冲带，作用有限。③在透性／不透性比率公式中，林地及其他透水性的地块具有关键作用，或许是最有效的综合性措施。④流域内不透水表面的位置对水质具有重要

---

* Reprinted from R. J. Miltner, D. W. White, and C. Yoder. 2004. The biotic integrity of streams in urban and suburbanizing landscapes, *Landscape and Urban Planning* 69:97. © 2004 with permission from Elsevier.

影响。

对于流域内较高的不透水表面，可以采取一些缓冲性措施减轻不利影响。

对于已开发流域，米尔特纳等人，提出了一些可供参考的缓冲性措施：

"我们收集到的数据显示，在一些沿河冲积平原和滨河缓冲地带（开发程度相对较低，但城市化程度很高），仍能采取一些综合性的生物措施，尽量减缓不透水表面的不利影响。具有积极意义的河流保护措施包括，强制性的滨河缓冲带宽度、对敏感地带的保护、在大范围规划框架下尽量减少水文地质上的重大变更等*。"

此外，米尔特纳还注意到，"斯蒂德曼（Steedman，1988年）曾发现，对于多伦多的河流区，20m宽的不活泼缓冲带，可以有效减缓城市化用地对水生生物的影响。我们自己的数据表明，生境质量也是一个重要的指示性变量……所有这些结果都证明，对滨河缓冲带和大部分曾受干扰的水文地段进行保护，可有效地保护水生生物的生存，达到《洁净水法案》所制定的城郊流域水质质量标准。采用上述方法，一般可有10%–30%水域达到《洁净水法案》标准，最高可达50%–60%*。"

---

* Reprinted from R. J. Miltner, D. W. White, and C. Yoder. 2004. The biotic integrity of streams in urban and suburbanizing landscapes, *Landscape and Urban Planning* 69:97. © 2004 with permission from Elsevier.

* Reprinted from R. J. Miltner, D. W. White, and C. Yoder. 2004. The biotic integrity of streams in urban and suburbanizing landscapes, *Landscape and Urban Planning* 69:97. © 2004 with permission from Elsevier.

第6章 植物

6.1 问题的提出

植物因其美学和生态价值，是珍贵的景观构成要素。公园中最引人注目的往往是高大的树木。可以借助树木来创造空间，供人们进行娱乐和休憩，为野生动物提供生境。在开放空间的组织和构建方面，灌木、地被植物和花卉也扮演着重要角色。总之，尽管地点可能有所不同，但植物都能为人类带来一些益处，如改善小气候、调节大气质量、控制洪水、创建生境等。我们所面临的问题是，城市植物生活在一种胁迫环境下，诸如土壤污染、空气污染、水分循环的变更以及其他城市化所带来的不利效应。与城区以外的树木相比，城市树木常常较矮小，寿命较短。但是，在沙漠地区，城市中的植物，因人为浇灌，会比自然状态下生长的繁茂。

6.2 背景

公园植物生境

长期以来，当人们谈到城市森林的时候，一般是指行道树和城市公园中的树木。在过去几十年中，城市森林的概念有所扩展，它包括了城区内的全部植物。但是，即使是今天，大多数研究仍然主要集中于树木上，而忽视对灌木、地被植物和开花一年生和多年生植物的研究。从起源来说，大多数生态学家热衷于对本土植物的研究，忽视外来植物的研究，虽然这些外来植物能在一定程度上反映一个地方的历史渊源，展现出它在庭院、公园和街道景观中的价值。

在最新研究当中，提出了城乡梯度模型的概念，有助于更好地理解城市森林覆盖、物种组成及其丰度从城市向乡村的变化情况。沿着城乡梯度，生态要素逐渐发生变化，如植物残落物分解速度、土壤

图1-41 城市森林包括行道树、公园中的树木，还包括庭院、学校、商业性公园等其他地方的树木。

组成、外来物种种类和微气候等。一个非常重要的现象，就是随着城市的增长，自然植被逐渐破碎。自然植被的破碎常导致残留生境的产生。在这些残留生境内往往含有一些濒危植物和动物（本土植物有限），这些地段往往就成为保护的热点地区。

缺乏本土植物能否成为一个严重问题，取决于残留生境所处的环境。良好的种植规划，应该能够反映出城市化的历史进程，尊重当地的文化遗产，通过对当地植物和外来植物的综合利用，反映出季节的四时变化以及对公园的感官体验。按照上述要求进行规划，植物的多样性会得到提高。不过，也必须意识到，充斥有大量外来植物的公园，因为短期内难以形成有价值的生境，会给公园的维护和管理带来不少麻烦。

图1-42 本土草本植物创造出独特的生境、色彩和教育机会。

图1-43 这些多年生植物一方面为公园创造美学价值，另一方面又为授粉者如蜜蜂、蝴蝶和蜂鸟提供了生存环境。

森林管理

城市森林的管理，对林学家、科学家和公众来说，是不得不关注的重要事项。魁格雷报导，根据早先的研究成果，他认为至关森林健康生长的两个关键因素是树种选择和整地。健康生长、寿命长、管理良好的城市森林，为城市所带来的好处是无可估量的，正如德怀尔（Dwyer）等人所描述的：

城市森林和社区森林，能够对城市的物理环境和生物环境产生强烈的影响，在很大程度上缓解城市开发所带来的负面效应。城市森林能够改善气候，保护能源，吸收二氧化碳，保护水资源，调节空气质量，控制降水径流和洪水，降低噪声，为野生动物提供避风港，增强城市的吸引力。当然，城市森林也有一些负面效应，如花粉的散播、碳水化合物的释放、绿色垃圾的排放、对水资源的消耗、以及本土物种被生长势强的外来物种所代替等。可以将城市森林看作是"活生生的技术"，是城市基础设施的主要组成部分。有了城市森林，有助于城市中的居民获得一个健康的生活环境。

然而，没有良好的管理，如正确选择树种、土壤改良、栽后管护等，城市森林的有益效应就难以发挥。例如，当对某一地段进行开发建设时，往往倾向于保留那些成熟的树木，但是幼龄树更容易适应改变了的环境。

麦克弗森（McPherson）发现，一些长寿命树种能够有效地增加碳的同化量，控制温室效应。处于胁迫状态的树木，需要更多的维护和管理，而这往往会导致产生更多的温室气体。例如，与乡村地区的树木相比，城市行道树更容易受到不良环境的胁迫。城市树木所生存的土壤紧实度高，机械胁迫阻力大，缺乏与周围植物的竞争，所有这些都使城市森林的管理与天然森林有所不同。并不是所有树种都对地面铺砌很敏感，但是，靠近铺砌地面的树木所受的环境胁迫常常最严重。

布拉德肖（Bradshaw）认为，在城市废弃地植树面临巨大挑战：

"栽植在城市中的树木，其生长状况往往令人极端失望。在多个地点对新栽树木所作的最新调查表明，栽后平均成活率约为60%，平均生长量只达到最高生长量的50%。部分原因是由于人为的破坏，但是也必须明白，树木和其他植物一样，对养分和水分的缺乏非常敏感。树木常被栽植于贫瘠的土壤上，虽然这些地段不像废弃地那样常常缺乏氮素营养"。正是这些土壤贫瘠的地段，无论从生态学方面，还是从社会学方面来说，都最需要有森林覆盖。正如艾弗森和库克（Iverson & Cook）在芝加哥所发现的那样，低收入地区，树木覆盖率低。

人类活动既可促进植物生长，也可对植物生长造成破坏。例如，最近多项研究发现，在森林内的小路上，人类的践踏会降低植物的生长速率，这一点对下层植被最明显。Bhuju和Ohsawa在日本千叶市所做的研究发现，对于林内小路，人类的践踏损害了植物的生长，特别是对下层植被的演替产生不利影响。莱克和利什曼（Lake & Leishman）在澳大利亚对城市灌木林迹地所作的研究表明，城市暴雨引起外来物种的增加："外来物种成功入侵的关键因素之一就是，暴雨引起土壤养分的增加。外来入侵物种遇到养分贫乏的土壤往往不能正常生长，而本土物种却能正常繁茂生长，因暴雨而引起的养分的突然增加，并不会使其在长势和群落广度方面发生明显改变。"

6.3 基本设计原则

（1）在城市公园中栽种植物，关键的一点是要创造良好的种植环境。例如，对栽植地土壤进行详细的测试，以便了解掌握土壤情况。在实际工作中，这一步往往被忽视。要知道，对土壤状况的准确把握，可以为以后的经营管理提供非常有价值的信息，有利于降低生产成本。

（2）根据城乡梯度规律，在选择树木和其他植物时，要选那些对城市不良环境抗性强的种类，如抗污染、寿命长的植物。某些植物果实或种子成熟后脱落散落在地上，如需要对落果（种子）进行清除，就会提高维护成本，在选择这类植物时就要慎重考虑。

（3）将那些珍稀和濒危生境，与小公园作一下比较。当然，在小公园中，一般不会出现珍稀和濒危生境。但是，如果出现，在设计时就要认真考虑。这样，就有必要对残留生境的植被情况作一调查。当要进行生境恢复时，重要的一点是要弄清外来物种的种类、分布范围和种群数量。

（4）树穴规格要足够大，以保证根系有充足的生长空间。要精心管理，防止树木遭受机械胁迫，如风倒、土壤过紧等。

（5）许多大城市都有城市热岛效应，夏季温度达到一年中的最高值。因此，在夏天，树木需要有充足的水分供应。制定一个详细的浇水计划，特别是刚刚栽植的植物，更要注意水分管理。

（6）选择多个树种，而不是单一树种，增强美感效果，改善生境质量，减少病虫害发生。

6.4 精选资料

树木所处的位置影响到收益-成本比率

麦克弗森应用收益-成本比率对芝加哥市城市森林的经济效益进行了评价：

"可以用收益-成本比率来评价植物的经济效益。涉及的地点有公园、庭院、街道两旁、高速公路沿线和公寓住宅，折旧率为4%–10%。假设折旧率7%，在居民院落和公寓住宅区，树木的收益-成本比率最高。在这些地区，种植成本低，死亡率低，树木生长旺盛，节约能源。"

中心城区的植被与郊区植被有明显的差异

德格拉夫（DeGraaf）在马萨诸塞州，选择斯普林菲尔德（Springfield）城区和阿默斯特（Amherst）郊区，对两地的树木群落情况进行了对比研究：

"在马萨诸塞州斯普林菲尔德市，选择两块居住区，面积40.5hm²，对木本植物进行取样调查。郊区对照点为阿默斯特，同样选择两块居住区，每块面积为21hm²。"

德格拉夫发现，城市森林与郊区森林有明显差异：

"在每个社区，对20hm²内所有树木和灌木进行取样调查后发现，城市居住区树木的密度为49.35株/hm²，郊区居住区树木的密度为138.30株/hm²，两者差异显著。灌木密度也有类似的情况：城区为144.0株/hm²，郊区为161.2株/hm²。在斯普林菲尔德，针叶灌木占74.7%，而在阿默斯特，针叶灌木只占38.0%。"

"在城区有36个树种；在郊区，

树种数量为82个。在郊区环境中，少数几个树种占主导优势，9个树种占了全部树木的61.4%……。"

"引进外来树种在种类和数量上也有类似的比率。城区含有6个外来物种，占所有树种种类的17.1%，占全部树木总量的24.1%；郊区外来树种为24个，占所有树种种类的14.6%，占全部树木总量的31.2%。"

城市的发展提高植物的多样性

多尔尼（Dorney）对威斯康星州绍伍德市的植被情况研究后发现，城区，特别是家庭后院，类似于稀树草原，物种多，多样性高：

"绍伍德稀树草原，有树种38个，大部分为落叶树，但针叶树也占有一定的比例（9%）。有了这些针叶树，在威斯康星州南部就形成了一个独特的生态系统，因为通常情况下，在威斯康星州南部，针叶树只见于沼泽地、湿地和河流溪谷。物种丰度的增高也在外来物种，如俄罗斯橄榄、女贞和挪威槭树的引进上体现出来。此外，有几个树种，如臭椿和桑树，还延伸到其分布的南界。因此，城市的发展使威斯康星州南部物种丰度有了提高。

在城乡梯度链上，人类活动的干扰对地被层和灌木层的影响：米尔沃基（Milwaukee）市与美国其他城市比较。"

在威斯康星南部的米尔沃基市、甘特斯柏根（Guntenspergen）和利文森（Levenson），对24片小面积残留森林林分进行了研究

"文献报导，对纽约市几个公园研究后发现，在这些公园里的都缺乏地被植物，主要原因是由于行走、火烧等其他人类活动。在纽约，麦克唐奈（McDonnell）沿着城乡梯度，对林分进行研究后发现，在城市一端，下层植被生长衰弱，呈萎缩趋势，但与乡村地区相比，非本土物种增多。"

"在从乡村向城区这一城乡梯度上，灌木和草本物种丰度并没有明显差异……。很可能，在米尔沃基市区，森林并不像纽约市那样高度利用。不过，城市的发展，还是使米尔沃基市的残留森林下层植被组成发生了改变。"

植物多样性随城市的增长而发生变化，因半自然式残留基地的出现，多样性有可能会增加

肯特（Kent）等人对英格兰普利茅斯市（Plymouth）植物分布情况进行了研究。他们将调查区域划分成长宽各为1km的方格。研究发现：

"根据普利茅斯市的城市生物地理格局，再加上与城市发展密切相关的植物组成演化情况，我们就可以推测该市的生态演化过程。我们所提出的模型显示，随着城市的发展，其植物群落也发生变化。在普利茅斯老城区，随着城市化程度的进一步增强，植物的多样性降低。但有时我们会看到，城市扩展以及乡村地区城市化以后，仍然能保持较高的植物丰度。物种多样性对城市化的反应有延迟现象。这一发现很重要。还需作进一步的研究，那就是弄清在延迟阶段，物种是如何变化的。"

"在城市植物群落中，空间和时间密切相关。在中欧，皮塞克（Pysek）和威提希（Wittig）发现，城镇大小与物种丰度和群落大小显著相关。城市空间越大，植物群落越丰富。"

树木覆盖率与收入水平

艾弗森（Iverson）和库克，借助于GIS数据，对芝加哥市的树木覆盖情况进行了考察。计算时，树木覆盖总面积等于片林面积加有树木的居住区面积。居住区面积包括住房、草坪、机动车道等，由此计算得出的树木覆盖总面积会有所偏高。

"在6个乡村区，稀疏片林、有树木的居住区以及修剪良好的草坪，与家庭收入呈现很强的正相关。相反，随着城市用地面积的扩大，家庭收入逐渐降低。"

"有些居住区，家庭收入高出同区平均水平的3-4倍，树木覆盖率最高。在一些最富裕的居住区，家庭收入超过当地平均水平的4倍以上，除了有较高的树木覆盖率以外，还有适当面积的、修剪齐整的草坪。在最贫穷的居住区，低于当地平均收入的40%，都与城市用地密切相关，且多是位于市中心的政府支持的住房项目。在这些地区，许多人存在经济上的困难，缺乏树木又使他们的居住环境更加恶劣。"

在亚利桑那州菲尼克斯（Phoenix）市，植被丰度与社会经济地位紧密相关。这会影响到城市小公园的设计方法

对于社会经济地位与城市植被之间的关系，马丁等学者进行了研究。调查对象为菲尼克斯市16处公园及其邻近居住区。社会经济状况分为下、中、高三级。

"我们的结果清楚地表明，在亚利桑那州菲尼克斯市，居住区植被丰度与社会经济地位有很强的相关性。经济地位低的居民对植被丰度与否不太关注，而经济地位高的居民则给予较多关注。景观设计师和规划师必须关注这一点。原因有两个方面：第一，城市居民与'自然'接触程度不同，反映了他们对环境的态度。环境质量反映出人们的生活水平。在拥挤的城区，对公园内的植被及其组成进行合理的安排，能在一定程度上改善经济

社会地位低下地区的环境条件;第二,城市生态系统,虽然在管理上被强化,为满足了人类审美需求,受到文化和经济上的调节,但它仍然是一个生态系统。许多物种,如鸟类,就居住在这个系统之中,与植被多样性格局相关联[*]。"

采取预防性措施防止土壤压紧板结

吉姆(Jim)在香港对城市土壤研究后强调,对城市土壤必须进行精心处理:"为了便于将来管理,在建设阶段就应采取有力的预防性措施,防止土壤板结。土壤板结是最常见的难题之一。在进行场地调查时,就应有详细的土壤调查。就像对那些观赏价值高的树木所进行的保护一样,可在栽植时用好土替换建筑垃圾土和表层的板结土。在客流量大的地段,为减少游客踩踏而造成的板结,有必要对土壤进行改造,创造一种混合土。在这种混合土中,骨架材料可忍受踩踏,细质地材料和空隙度大的材料可满足根系生长所需。在选择混合土材料时,注意不要使混合土带来额外的麻烦。土壤管理应多种措施相结合,如选择耐踩踏草种必对踩踏抗性强的地被植物、有意识地对游客进行引导等,都可有效地减轻了绿色地段的土壤板结。"

整地和栽植技术对树木成活至关重要

明尼苏达州明尼亚波利斯市公园设计师拉玛德雅尼(Ramadhyani),就树木栽植提出了如下指导性意见:

"种植行道树要用混合土。公园内植树,在树穴内铺一层厚度100mm的树皮,直径应达到树冠外缘。尽可能地群植。如不急于利用树木所形成的空间,树干直径一般不超过38mm,大树移植困难,生长缓慢。针对树种,选择合适的栽植时间。邻近有建设任务时,采取适当的措施,对已有树木进行保护。埋土不要超过起苗线,不要忘记将绑在树干上的绳子、网、帆布等移走。树木群植可以减轻暴雨和风的损害,孤立木易受风害。避免单一树种大量种植。严格遵守上述原则,不论是新栽树木,还是已有的树木,都能保证有最大的成活率。"

---

[*] Reprinted from C. A. Martin, P. S. Warren, and A. P. Kinzig. 2004. Neighborhood socioeconomic status is a useful predictor of perennial landscape vegetation in residential neighborhoods and embedded small parks of Phoenix, AZ, *Landscape and Urban Planning* 69: 355-368. © 2004 with permission of Elsevier.

第7章

野生动物

7.1 问题的提出

动物需要食物、水分和庇护所，以完成其生命循环。实际上，小公园内根本不可能有大量的野生动物。不过，经过精心设计和管理，一些遗传范围广的物种，即能在多种环境条件下生存的物种，可以被引进城市。毫无疑问，经过精心设计，像鸟类、蝴蝶、两栖类如青蛙和蟾蜍，以及一些小型哺乳动物如兔子和松鼠，都可以在小公园内生存和生活。此外，小公园周围景观的生境质量也起到一定的补充协调作用。有时，一些专有物种和区域敏感性种类，也能够令人惊奇地适应城市的环境条件，特别是当城区有可供栖息的较大生境斑块时，更是如此。即使在有限的空间内，只有少数几个野生动物，也能给人们带来巨大欢乐，向人们提供有关野生动物的信息。

7.2 背景

生态问题

城市野生动物听起来好像一个自相矛盾的术语。但在城市内，如果条件适合，有些野生动物确实能够繁衍生长。小公园就可为某些野生动物创造合适的生境。小型捕食性动物，如猫、浣熊、臭鼬等，对某些野生动物如鸣鸟和地面筑巢鸟类的生存产生压力，导致它们繁殖率降低，死亡率增高，甚至可能会造成不能持续生存的情况。莱普茨克(Lepczyk)研究发现，在密歇根乡村城镇梯度上，每只野生猫可以吃掉23只鸟类，平均水平为每周0.7-1.4只。

野生动物对城市环境的耐受程度，取决于其生活史。广布物种对食物和栖息地要求不严，适应范围较宽，能够适应城市的不良生活条件。专有物种，包括许多濒危和受到威胁的物种，通常需要某种特定生境，对斑块的大小、核心生境、植被结构、植被组成、食物来源和其他环境条件都有一定的专门要求，这就限制了其生存范围。有些物种，如加拿大鹅和鹿，在城市中大量繁殖，形成一个很大的种群，给经营管理带来许多麻烦，特别是市民还经常给它们投递食物。美国有些地方，把这些物种看作是有害的。

城市化所带来的某些变化，蕴含着对城市生态环境的转变。城市中有大量的外来动植物，大多数种类能够自然地适应城市环境，表现良好。但是，也有少数外来动植物，因为缺乏捕食者和环境条件的限制，成为入侵物种，竞争能力强，在繁殖速度和数量上迅速超过当地物种及其他物种，如泻鼠李、午屈菜、野葛、斑贻贝、芦苇、撑柳等。外来植物入侵带来了生态学上的争论，争论的焦点是，外来植物种群的建立，使野生动物筑巢成功的机会减少，被捕食的机会增加，这对当地野生动物的生境质量会产生一定的影响。

对这一问题，目前还没有肯定的科学答复，还需针对不同的物种作进一步的研究。最近，博格曼和罗德瓦尔特（Borgman & Rodewald）在俄亥俄州所作的一项研究表明："在城市化的景观当中，在外来灌木群落中筑巢，被捕食的机会要比在本土灌木群落中高2倍。这很可能是因为外来灌木群落中巢穴较矮，灌木群落大。"科林奇（Collinge）等人对有关文献研究后发现，在外来灌木群落和受干扰的生境中，缺乏当地本土蝴蝶和一些常见物种。

就植物来说，许多研究表明，在城乡梯度链上，植物和动物组成呈现明显的不同。有关城市中鸟类和蚯蚓的研究已有很多。研究发现，城区树叶的分解速率远高于乡村，因为城市土壤中的蚯蚓数量多。城市土壤落叶层薄，保水能力弱，易板结。在中心城区，植物多样性与乡村区有显著不同。城区植物多为破碎斑块，而且又尽可能地限制其地下部分的生长，再加上边缘效应和植株在高度上缺乏变化，适于野生动物生活的内生生境比乡村要少得多。正如雷德克（Raedeke）所总结的：

"比如森林中的鸟类，不同的鸟类都有各自不同的生活空间。从林下地表、林下矮灌木、树干、下层树冠，到上层树冠，分别栖息着不同种的鸟类。在这种复层结构的森林当中，很多鸟类都会找到合适的生境。"

公园大小（面积）是影响物种多样性的最重要的因素之一。小公园的面积有限，小公园的生境最适合那些对面积不敏感的广布物种。公园周围植被结构的宽度，影响到哪些物种可在公园内居住。公园周围若环绕着软本底（即有大量植被的地段），所容纳的物种就会多。公园周围若用铺装道路包围，所容纳的物种就少。例如在亚利桑那州图森（Tucson）的沙漠环境中，所指的软本底包括公园周围的水源、低密度住宅区和天然开放空间。这些地方分布着大量的所期望的生境，如本土灌木、草地和仙人掌。进一步的讨论见"1.2 连接与边缘"。

社会方面

如将小公园看作一块生境，对公园设计师和管理者来说，如何设计人与野生动物的互动，就是一个关键的问题。虽然有些野生动物肯定对人有害，但是对野生动物的观赏、特别是对鸟类和哺乳动物的观赏，是人类的重要娱乐活动。不论是在公园里，还是在居家附近，通过饲养和其他手段，人们总是试图增加野生鸟类的数量。例如在魁北克蒙特利尔市中心和科罗拉多柯林斯堡（Fort Collons）城外开发区所做的研究发现，由于人类的饲喂和人工鸟巢的建立，鸟类数量有了增加。而在科罗拉多，还具有"垂直生境结构，而其他地方却没有这种灌木－草地植被群落"。上述实例显示，与原始生态系统相

A. 很少或几乎没有下层植物的林冠　　B. 植被的垂分层方　　C. 低矮的灌木和花卉

图1-44　本图所展示的是常见于公园中的植被结构。
A. 大冠树木提供遮阴，构建视觉框架，但缺乏下被植物，降低了其生境价值。B. 具有多个植被层次，提供有价值的生境，但在小公园中可能会带来安全问题。C. 生长缓慢的灌木和花卉在小公园中是理想的植被。它们有助于维持视线，增添色彩和质感，但其有限的高度不适于许多城市野生动物的生存。在小型残留迹地内，对某一特定的生境类型，成熟植物的数量，特别是成熟树木的数量，值得关注，例如在澳大利亚墨尔本，对一片小型城市植被所做的研究发现，城市森林迹地空心树木少，而空心树木对那些洞穴筑巢的鸟类和哺乳动物来说，是重要的活动场所。欧洲的一项研究，强调保护城区中那些成熟腐朽的树木和斑块，并把它看作是生境保护的重要策略之一。

图1-45 城市中几乎没有空间让人们与野生动物接触。公园可以为人类和野生动物提供亲密接触的机会。

图1-46 有时野生动物是有害的,像这些加拿大鹅,通过精心设计,可以使人与野生动物和平相处。

图1-47 新西兰克赖斯特彻奇(Christchurch)市的一个大公园。公园中这个小屋一方面可供野生动物教育利用,另一方面也是在湿地沿岸观赏野生动物的理想场所。

比,人类占主导地位的景观生态系统会有不同的动力驱动。例如辛格(Singer)和吉尔伯特(Gilbert)在英国发现,人类的饲喂导致鸟类食量的增加,进而演变到鸟类不得不以蝴蝶卵和幼虫为食。当然,小公园无论在何种意义上都不会成为原始生境。但是,野生动物的经常出现和人类的观赏,具有巨大的教育意义,同时野生动物管理又是较大范围生态管理的重要组成部分,这就需要采取有力的措施,既满足教育需求,又满足生态上的需要。

有关生境的第二个社会课题是犯罪问题。就像在"1.10 安全"中所指出的,深厚浓密的植被常使人感到不安全,但这种环境却最适合野生动物生存(有关犯罪管理策略见"1.11 管理")。

7.3 基本设计原则

(1)尽可能减少边缘生境所占的比例,可以在树木和邻近地段之间设置过渡带,种植灌木和地被植物。为安全考虑,要保留适当的视线。只要空间允许,过渡带就要尽可能的宽。此外,考虑使公园与周围的生境,如城市本底、结构性开放空间和残留片林等,建立连接。

(2)尽可能保留植被的垂直层次,维护野生动物的生境质量。但从安全方面来说,还要保留一些关键性的视线。提高下层灌木植被的复杂性,比如可以把灌木层高度由 21cm 提高到 50cm,这样会显著增加哺乳动物的数量。

(3)提供水源,吸引野生动物。此类地点是很好的环境教育场所。

(4)如有可能,就应对那些死立木、树木残桩和下层植被进行保留,增强生境的复杂性。向公众开放的区域,尽可能地使它看起来是经过精心管理的,以提高社会接受性。那些看起来被忽视的区域不受公众的欢迎。

(5)尽可能减少穿过生境区的道路,减少生境破碎,使残留生境得以恢复。尽可能将道路安排在生境边缘或天然区域的边缘。

(6)公园小路两侧尽量布置冠幅相对窄小的树木,增强安全感。从小路边缘到生境内部,创建梯度排列的植被结构,从外向内物种组成和物种丰度逐渐提高,反映出所在生态区的植被特征。

(7)如条件适合,应鼓励公园邻近居民参加"后院野生动物保护项目",可以为鸟类和其他动物提供额外的食物和水源。在蒙特利尔公园,毛瑙(Morneau)发现,人工饲喂可以使小区内鸟类的数量增加。不过,人工饲喂还有争议,可能会带来一些问题,如迁徙习性鸟类可能会因为这些食物的供给而不再迁徙。

(8)了解掌握生活在城市小公园内的野生动物

的有关科学资料。自然历史博物馆、自然中心、图书馆以及有关的政府机构，都可提供有关野生动物的信息。应特别注意那些受威胁的、濒危的和受关注的物种。将这些信息融入到小公园设计之中，既能发挥小公园的社会作用，又能创造出所期望的生态环境。

(9) 尽可能地多选择一些树种，包括落叶树种和常绿树种。特别注意选择那些抗污染能力强的常绿树种，它们能够形成很重要的生境。有些鸟类以树木洞穴和仙人掌洞穴为栖息地，设计时就要充分考虑这一点。

7.4 城区鸟类生境改善指导原则*

- 增加树冠在垂直方向上的层次。
- 保留当地植被和死立木。
- 管理好斑块周围的本底环境，不仅仅局限于斑块本身。
- 设计缓冲带，减少不需要的、来自本底的入侵。
- 充分认识到，人类的活动与斑块内部环境并不匹配。
- 使本底尽可能地接近于本土生境。
- 主动调节哺乳动物的种群数量。
- 不论是在公共区域，还是私人区域，都不鼓励建设大面积的开敞的草坪。
- 对小片湿地的价值，提供法定认可。
- 将城市公园纳入到本土生境保护体系之中。
- 了解城市化发展趋势，并参与其中，寻求增加本土生境和对生境进行正确管理的方法和途径。
- 降低城市化对天然区域的影响。

- 充分认识到斑块对物种适生的局限性，一般只有少数几种鸟类适宜生存。
- 设立监测系统，观测鸟类的适应性。
- 提出新的教育培训方案。

蓄洪池和湿地的野生动物生境改善指导原则†

- 蓄洪池边坡缓坡（10∶1）好于陡坡。我们在哥伦比亚市的研究发现，平均边坡坡度为16∶1时，比3∶1好。缓坡有助于湿生植物群落的建立。植物可以为野生动物提供食物和庇护场所，提高水质。对孩子们来说，缓坡比陡坡安全，因为孩子们有可能进入蓄洪池中玩耍嬉戏。
- 25%-30%的水面水深不得超过61cm，50%-75%的水面水深不低于1.1-1.2m。越往北，冰冻层越厚，可以适当增加水的深度。
- 浮生植物与水面面积之比率一般保持在50∶50。
- 大型蓄洪池（2hm²或更大），至少应设置一个岛屿，也可多设几个。岛屿的形状和位置应对水流起引导作用。水沿着岛屿和在岛屿之间流动，可以产生氧气，防止窒息。设置流水系统，使水不断地流入蓄洪池，可以提高水质。岛屿坡度要缓，顶端易于排水。岛上适当种些植物，防止水土流失，为鸟类提供筑巢场所。对于大型蓄洪池，还应考虑设计一片陆路过水区域。
- 蓄洪池应与它所能容纳的水量相适应，包括高峰蓄洪量，必要时还要设置清洁设施。
- 在湿地附近建设永久性的蓄水池，可提高其对野生动物的价值。

7.5 精选资料

植被空间结构与鸟类的关系

根据岛屿生物地理学原理，对植被的空间结构进行理论分析后发现，丛生植被比散生植被和边缘植被更适于鸟类生存。

城市中的植被可以分为三种类型：①边缘植被。通常连续栽植，长度远大于宽度。②散生植被（灌木或树木）。可以沿边界种植，也可种植在任何地方。③丛生植被。相邻植株的枝条和叶片相互接触或几近接触，就像在天然森林中所见到的那样。

鸟类的忍受适应程度不同，但从有利于鸟类生存角度来看，这三种植被类型有着明显的差别。散生植被面积太小，几乎不能为林鸟提供生存环境。植物之间在空间上的相互隔离，为鸟类的觅食在生理上和体力上带来障碍。边缘植被通常能相互连接，但宽度太小，常呈几何带状，同样会在生理上和体力上给鸟类带来麻烦。

只有丛生植被能够满足鸟类生存所需，大多数森林鸟类都可在其中生活繁衍。

街道生境与公园生境有明显的不同

对于三种生境类型，即无植被的街道、有树木的街道和城市公园，在西班牙马德里所作的研究表明，城市公园是最合适的生境类型。

"从最差的生境（对照街道，没有植被），到最好的生境（城市公园）物种数量显著增加。有树街道所形成的中间生境，物种数量居中。"

费尔南德斯－尤里契奇（Fernandez-Juricic）还发现，不同的鸟类在树木廊道上的活动力有所不同：

"在沿廊道迁移方面，不同的物种可能有不同的选择。例如，寿命短、取食范围小的鸟类，沿廊道迁移时，面临较高的死亡率。因此，对于由廊道支撑的生境，不论采取何种管理措施，都应考虑到每个物种的实际需求和生存能力。"

与城市公园相比，有树木覆盖的街道，鸟的多样性也下降。佛南兹－朱里克报道，鸟类从一个斑块（城市公园）向廊道迁移时，种群数量必须达到一定的阈值：

"假设物种遵循密度依赖性的廊道格局，那么从斑块向廊道迁移时，个体数量必须达到一定的阈值。为此，在应用廊道生境时，要先对斑块的种群进行评价。种群密度是指示物种是否向廊道迁移的重要指标。如斑块的种群密度很低，建设廊道就毫无用处，就应选择其他替代方法。"

鸟的繁衍、生活阶段和生境条件

德格拉夫（DeGraaf）和温特沃思（Wentworth），对鸟类不同生活阶段的研究后发现，不同的鸟类有不同的生境偏好：

食虫鸟类，不包括空中捕食者，与树木呈现很强的相关性，对林地有附属和依赖。距林地越远，种类和数量越少，成负相关。以种子为主食的鸟类和杂食性的地生鸟类，与草本植物的面积和树木的遮荫面积大小呈现明显的相关性。但是，以种子为主食的鸟类，都尽量避开林地，种群数量与距林地的距离呈正相关。

"地面营巢和草丛中营巢鸟类，与树木因子呈现负相关，而与普通草地面积和修剪草地的面积呈正相关。灌木营巢鸟类，与针叶灌木密度呈负相关，与针叶灌木高度呈正相关。表明灌木的成熟度和发育程度比灌木数量更重要。灌木营巢鸟类还与树冠的高度呈负相关性，表现对低矮树枝的依赖性，即它们喜欢利用树冠下层。在小树枝、大树枝和树洞穴中营巢的鸟类，与树冠的生长发育和修剪方式等，呈现出明显的正相关性……此外，前三种类型的鸟都与草坪面积呈负相关性。最后，建筑物营巢鸟类，与建筑物密度无关，但与开敞型树木（枝下高低的树木）数量和草坪面积有密切的关系。常见的在建筑物上筑巢的鸟类一般都将巢穴营造在装饰华丽的古建筑上……因此，鸟类是否筑巢，建筑风格比建筑数量更重要。"

适度干扰能够增加蝴蝶的多样性

布莱尔（Blair）和劳纳（Launer）对蝴蝶的丰富和分布情况进行了研究。地点为加利福尼亚州中部沿岸城市帕洛·阿尔托（Palo Alto），一片橡树林群落，设6个调查点。调查发现：

"蝴蝶的物种丰度和香农（Shannon）多样性，在受到适度干扰的地区达到最大值，当从天然区或过渡到城区时，相对丰度降低。据信，蝴蝶对原生境最具代表性，随着原生境的破坏和城市化，原先的蝴蝶群落消失了。"

香农指数可以说明一个地区的物种数量及每一个物种的相对丰度。

为了保护橡树林中的蝴蝶，他们提出了簇状开发策略：

"橡树林群落中，某些蝴蝶种类的消失表明，城市中任何开发建设对原生蝴蝶群落都会带来巨大的损害。规划师如要维持被开发地段开发之前的生物多样性水平，那么所有的开发建设都要相对集中。景观优美的办公场所算不上环境友好开发。最好的办法，从维护原生群落的观点出发，就是将商业性开发活动限制在尽可能小的范围内，集中开发，而对那些没有开发的土地，尽可能地使其保持自然状态。"*

某些定居格局会使哺乳动物、两栖类和爬行动物的丰度降低

在英格兰牛津所作的一项研究表明，某些定居格局会使哺乳动物的物种丰度降低。研究共设50块不同大小的生境，面积从 0.16–20hm² 不等。

"随着斑块内植被密度的增加，特别是在地表以上 21–50cm 范围内，哺乳动物的物种丰度相应增高。地表 21–50cm 范围内的这一层，含有非城区常见的生态成分，在已记录到的21个哺乳动物种中，至少含有14个。在这一层内，灌木、果园、高草和林地生长发育良好。然而，植被结构不变的情况下增加斑块数量，则使哺乳动物的丰度下降，其原因可能是因为

---

* Reprinted from R. B. Blair and A. E. Launer. 1997. Butterfly diversity and human land use: Species assemblages along an urban gradient, *Biological Conservation* 80: 113–125. © 1997 with the permission of Elsevier.

斑块内捕食性动物，如猫、狗、猛禽增多的缘故。"

对于同一地段，是构建一个大型斑块，还是将其划分成数个小斑块，迪克曼（Dickman）也得到一些相互矛盾的结果："对于所有脊椎动物，划分成两个小斑块，比只划为一个大斑块所容纳的物种要多。"

他还就哺乳动物、两栖类和爬行类，给出了最小斑块面积。关于哺乳动物，迪克曼在研究中注意到：

"林地的最小面积应不低于 $0.65hm^2$，因为林地斑块面积为 $0.65hm^2$ 或高于 $0.65hm^2$ 时，所有物哺乳动物，除家鼠（Muscardinus avellanarius）外，都至少记录到一次。在有永久性水源的地方，两栖类和爬行类动物都可在生境斑块中得到保护。对于哺乳动物，生境斑块不必很大。除蹼螈（Triturus helveticus）仅见于 $7.4hm^2$ 的斑块外，其他哺乳动物都可在 $0.55hm^2$ 或大一点的斑块内至少记录到1次。

良好的管理可以使生境质量得到改善

关于提高物种丰度和改善生境条件，马尔兹卢夫（Marzluff）等有如下建议：

"对于恢复性生境斑块，应包括下列关键要素：死亡的立木、树木残落物、复合垂直结构和水平结构、受保护的斑块、内生区域、未开发的滨河带、未开发的坡地和峭壁、高度本土植物多样性、对外来入侵植物的有效控制、尽可能少的草坪。多种多样的灌木，可以生产浆果、坚果和花蜜；对外来哺乳动物，包括家养宠物的有效控制；降低本土捕食性动物和寄生性动物的数量；有效地监测计划，观测物种的适应性及其扩散情况；以及以得到公众支持为目的的培训教育和科研活动。"

第8章

气候与空气

8.1 问题的提出

对公园的使用在很大程度上受天气、时间和季节的影响。公园的设计和建造,特别是对树木的选用,可以调节空气温度,改善空气质量。如有众多的公园散布于城区之中,则就有可能降低城市的热岛效应。问题的关键不仅仅是数目越多越好。如要达到我们所期望的目标,就要针对特定的地点、一定的栽植格式、叶片类型和维护管理需求等方面,对树木进行精心的选择。

8.2 背景

对于与城市空气质量和气候相关的三类主要问题,小公园都可以帮助解决。这三类问题是:城市热岛效应,局域空气污染和全球气候变暖。其他方面还包括紫外线辐射和能源保护。这些问题都是相互关联的。

社会和生态问题

城市热岛:城市热岛是指中心城区温度升高的现象。主要原因是由于建筑和地面铺装硬质表面对热量的吸收和储存,机动车、割草机以及工业生产

图1-48 针叶树和阔叶树混交,对于改善空气质量很理想,针叶树叶片稠密,形状独特。

图1-49 小车停在树荫下，碳氢化合物排放量可以减少16%，如在加利福尼亚州的高温区。

所产生的热量所引起。

城市热岛使最低温度升高，使一天内或一年内高温时间延长。城市热岛对空气质量的影响表现在：①增加臭氧的形成，使呼吸系统疾病加重，如哮喘。②提高臭氧前体形成量（挥发性有机化合物，VOCs）。在温带地区，这是一个特别值得注意的问题。因为它使建筑空调负荷增加。例如，在美国的沙漠气候条件下，4月、5月、10月和11月都需要开空调降温。

树木能降低空气温度，特别是在下午。正如斯伯恩所阐述的：

大型、栽满树木的公园，其微气候类似于林地。在红外照片上表现为一个"冷点"。虽然白天温度与邻近街道相差不大，但是，在公园中感到凉爽，因为公园中树荫多，直射光线少，从草坪和树木上辐射出的热量少。

不过，草坪的单独影响效果并不明显。反射性地、淡色建筑表面有利于减少热量的积累。一般说来，城市温度要高于乡村温度。但是，沙漠中的城市，其蒸腾蒸发量高于周围的沙漠，实际上城区温度要低于周围环境的温度。可称之为"绿洲"效应。

此外，人们还需要在户外寻找温暖的处所，特别是在寒冷的日子和气候条件下更是如此。为此，有必要为人们提供一块"阳光区域"，在较寒冷的条件下享受户外空间。对7个城市广场的研究表明，当温度达到24℃时，广场的人流和出来晒太阳的人才开始减少。

局域空气污染：局域空气污染源很多。例如，就像在"精选资料"中所提到的，大部分碳氢化合物来源于"尾管废气，但是，每天约有9.7t（占16%）碳氢化合物来自汽车燃料输送系统的蒸发。白天，停放的小汽车受太阳照射，燃料输送系统温度升高，蒸发加快"。对于由停放的小汽车所引起的污染，受热是一个主要因素，树木可以提供遮荫，从而能从源头上减少这种污染的发生。

污染物一旦进入大气，植物就又会扮演一个污染物清除者的角色。根据有关文献报导，史密斯总结道："气态性污染物从大气中清除的自然机理主要有6个方面：①土壤吸收；②水体吸收；③岩石吸收；④降雨淋溶和冲刷；⑤大气中的化学反应；⑥植物叶片吸收。如用植物来清除污染物，植物则需有'稠密的大枝，粗糙的树皮和小枝，多毛的叶片以及较高的表面积体积比率'，并将其种植在有枯枝落叶覆盖的土壤上，而不是种植在铺砌地面上。当然并不是所有污染物都可以用植物来清除。最易被植物吸收的化学物质主要有氟化氢、二氧化碳、二氧化氮和臭氧，而且当白天植物湿润时，吸收量最大。"

城市森林对大气污染的调控程度随地区而不同。例如，在加利福尼亚州发现，生长在城市中的树木比生长在乡村中的树木树冠大，故建议在城区污染源处增加树木的定植密度。

全球变暖：正如"精选资料"中所解释的，精心的维护和短寿命，意味着城市树木所吸收的二氧化碳量低于它所放出的量，虽然城市小公园中的树木寿命都比行道树长。但是，通过降低花在制冷方面上的能源消耗，在减少二氧化碳排放方面，树木确实能发挥重要作用。就像阿克巴里（Akbari）所阐述的：

速生树种二氧化碳的同化速度约为每年0.59kg。1亿株树木每年直接吸收的二氧化碳量为$0.65×10^6$t。如果将这些树种植在城市中，就会减少制冷对能源的消耗，所吸收的二氧化碳量只占到所节约的能源的1/15。要完全同化吸收1亿株树木所贮存的二氧化碳，就需要种植15亿株树木，相当于$1.5×10^6 hm^2$森林。作为比较，康涅狄格州的总面积约为$1.3×10^6 hm^2$。

其他方面

除了前面所讲过的三个方面以外，其他方面问题研究不多，但有些问题有时可能会变得很重要。随着臭氧层的消耗，特别是在南半球，遮阴可能是预防皮肤癌的重要方法。在地方能源保护方面，树木的作用也不可忽视，但一般将其与建筑节能相联系。总之，树木能挡风，降低取暖成本，提供遮阴，通过蒸腾减少制冷负荷。

8.3 基本设计原则

（1）污染街道缓冲带："休息区、运动场应远离污染带，距离受污染的街道边缘不低于45.7m，用林带与道路隔离，株行距要足够宽，便于冠下空气自由流通"。若要显著地减轻污染，缓冲带可以更宽些，比如150m，详见"1.2 连接与边缘"。

（2）创建小面积"阳光区域"。一方面，树木可以为人类和铺装地面遮阴；另一方面，有些阳光充足的地区，还需要进行适当的遮护，以便在寒冷的天气到户外晒太阳。这就不仅需要阳光充足，而且还需要挡风，有硬质地面吸收太阳辐射。

（3）使树木树冠尽可能地扩张，即使窄冠类树木也应如此。在亚特兰大对城市热岛效应进行研究时发现："树冠窄，但分布均匀时，其遮阴效果好于密集丛状栽植。丛状栽植常在丛间留下较大的未遮荫空间。"为了给高温路面和建筑表面遮阴，就必须种植行道树。

（4）对停车场，应考虑夏季降温。应对停车场地进行精心布局，采用轻质铺砌材料，并种植树木进行遮荫。停车场不仅能够停车，创造视觉美感，还要能够降低污染物的排放。

（5）多树种组合，特别是注意选择抗旱树种和对城市条件耐性强的树种，使树木能够一年四季吸收污染物。

- 对于空气中的悬浮颗粒，应选择具有下列特点的树种：周长与面积之比比率高、表面积与体积之比比率高、叶表面粗糙程度高。一般来说，针叶树叶片表面积与体积之比比率高。

- 小枝众多的针叶树和落叶树，有利于冬季清除悬浮颗粒。叶柄长的树木，如白蜡、白杨和枫树，截留悬浮颗粒的能力强。

- 合理安排分层森林与不透气森林之间的比率。多层次的森林，包括土壤层、草本层、灌木层和树木层，作为颗粒状污染物沉淀池的作用，高于不分层的森林。林缘如重叠稠密，气流就会沿林缘上升，降低对颗粒状污染物的沉淀能力。造林时要精心设计，合理安排森林的结构和密度。

8.4 精选资料

植物去除大气污染物要点

在一篇综述性文章中，对于用植物去除大气污染物，史密斯总结为以下几个方面：

（1）一般来说，污染物在水中的溶解度高，植物的吸收能力强。氟化氢、二氧化碳、二氧化氮和臭氧，属于易溶、活性强的污染物，极易被植物吸收。一氧化氮、一氧化碳，属于极难溶性污染物，植物吸收很慢，或几乎完全不吸收。

（2）植物表面潮湿时，污染物的去除率可以增加10倍。在湿润的条件下，整株植物，包括叶片、小枝条、大枝条和树干，都可以吸收污染物。

（3）光的作用很重要。光照影响叶片的生理活动，控制气孔的开闭，进而影响到对污染物的去除。但是，土壤水分适宜时，气孔完全张开条件下，一天内植物对污染物的吸收量几乎维持在一个恒定的水平上。水分供应不足（在城市中是经常发生的），限制气孔的开放，进而严重影响到植物对污染物的吸收。

（4）树冠外围表面的叶片对污染物的吸收能力最强。在树冠外围，代谢活动受到光照调节，污染物的扩散速率最高。

（5）黑暗条件下，叶片通过呼吸所吸收的二氧化碳和二氧化氮量最高，但一到光下，吸收速率很快就下降。

（6）与污染物总量相比，植物的去除量是很有限的。但在近地表层，能有效地降低污染物的浓度。近地表层与人类的健康关系最密切。

阳光区域和遮阴物

斯皮恩（Spirn）认为，在阳光区域周围营造公园，可以获得更宜人的微气候，鼓励更多的户外活动："阳光区域就是一块受保护的地段，其温度可比未裸露地区高5.7–22℃。在寒冷的气候条件下，可使户外活动延长2–3个月。阳光区域，地面经过铺装，坐北向南，四周有墙防风，墙面接收太阳辐射，并将其向空气当中反射。阳光区域内的微气候类似于沙漠气候，太阳出来的时候，温暖而干燥。冬季太阳落下之后，阳光区域就很寒冷。在选择植物时，就应该考虑到阳光区域内温度的极端变化情况。"

遮阴场，如佩利（Paley）公园，和阳光区域原理是相同，都是基于热的交换原理。

遮阴场防止获得热量，鼓励热量的散失。最常见的措施有，阻挡太阳直接辐射，防止周围表面对热量的吸收和再辐射，促进蒸腾，促进气流流动等。通过捕获太阳辐射，促进周围墙壁和铺装地面对热的吸收和阻挡风侵，可以提高热量获得量，减少热量损失。最理想的情况是，在一个城市内，既有遮阴场，又由阳光区域，并且将二者融合到城市广场和城市公园之中。

城市热岛效应定义

在一篇综述中，斯通（Stone）和罗杰斯（Rogers）列举了城市热岛效应在城市设计中的主要作用：

作为一种气候现象，在大面积的城市化区域，城市热岛效应使城市气候发生变化，即城区温度高于城市周围乡村地区。类似于全球变暖效应，这种'城市变暖效应'，对大气质量和人类健康，具有不可忽视的影响。据预测，全球变暖将引起温度升高1.9–3.5℃。实际上，在一些大城市，正常情况下，城区温度可比周围乡村地区的温度高3.3–4.4℃。假设中心城区热岛效应温度升高速率为每10年0.1–1.1℃，那么50年后，这个速率将是现在的两倍。

烟雾与城市热岛效应

温度升高将会使城市的烟雾更加严重。在一些大城市，温度低于21℃时几乎没有烟雾，当温度高于32℃时，就会出现严重的烟雾，让人无法忍受。因此，无论在过去，还是将来，因城市热岛效应而引起温度升高5.7℃时，就会使城市烟雾加重。

城市中，树木对气候调节和碳同化速率的直接和间接影响

阿克巴里（Akbari）等在其评述中写到，树木有助于调节气候，节约能源，促进碳素同化。

据帕克（Parker）观测，在规划良好的景观地段，位置适当的树木和灌木，每天空调节电量可以高达50%。

树木直接影响到建筑物的能源使用：①遮阴降低了门窗、墙壁、房顶对太阳辐射的吸收；②遮阴减少了从周围环境中获得热量；③树木的挡风作用，减少热量向建筑物内部渗透。落叶树有一个好处，就是在冬季可使建筑物充分获得太阳辐射。

树木的间接作用包括：①树木使表面粗糙度增加，风速降低，减少了外部气流向建筑物内的渗入；②通过蒸腾（水分从土壤–植物体系中蒸发的过程），使环境温度降低，减少了建筑物的热量获得。在炎热的夏季，树木就像一台"天然蒸发致冷器"，每天可消耗375L水，使周围环境的温度降低。城市树木的增加，带来蒸腾量的提高，在城区产生"绿岛效应"，显著地降低周围环境的温度。

道路网络格局与城市温度

斯通和罗杰斯在佐治亚州亚特兰大市所作的研究发现，城市道路密度对城区净热量释放和树冠覆盖率有负面影响。他们发现，"交叉路口密度大，热量产生少，单位区域内的树冠少"。因此，"对于控制热量的产生，树木的布局有时比树木的总量更重要。"

城市树木的维护管理相当于温室管理成本，可能会抵消其有效方面

在城市中，应选用长寿命树种，以提高其碳同化的有效性：

"美国农业部林务局戴维·诺瓦克（David Nowak）博士和格雷格·麦克弗森（Greg McPherson）博士，最近所进行的一项研究表明，城市树木在其一个生命周期内，如果给予充分的管理和维护，那么由此所带来的二氧化碳的释放远超过树木对二氧化碳吸收所带来的益处。树木维护管理工具，如油锯、割草机和锄耕机等都会向大气中排放二氧化碳。工具所释放的二氧化碳、腐朽和正在死亡的树木所释放出的二氧化碳，三者之和如果超过树木所同化的二氧化碳量，就会出现碳同化有益性的丧失。"

为了使城市树木碳贮存／碳同化的有益效能最大，美国农业部林务局建议，在城市中栽植高大、寿命长的树种。这样就可贮存更多的碳，降低死亡率，并且随着技术的进步，不断改进维护管理手段。

局部污染物和热量

麦克弗森和辛普森（Simpson）对停车场的温度情况进行了研究，并由此来计算停车场汽车的污染物排放量。他们报道称，在许多大城市，臭氧都是一个严重的污染问题。在萨克拉门托城区，机动车是臭氧合成前体的主要来源，大约每天释放出59t氮氧化物（占氮氧化物中排放量的68%），59t碳氢化合物，占碳氢化合

物总排放量的49%。

汽车尾气是碳氢化合物的主要排放源。但是，约有9.7t为（但16%）蒸发排放，即白天汽车燃油系统受热蒸发而引进的排放。蒸发排放和发动机发动后几分钟内的尾管排放（主要是氮氧化物），对局部小气候的影响很明显。白天高峰温度，有遮阴的停车场比无遮阴的停车场低1-2℃。零星散植树不明显。油箱温度，有遮阴的比无遮阴的低2-4℃。车内平均温度，有遮阴的比无遮阴的低26℃（太平洋标准时间：13：00-16：00）。

不同土地利用类型树木对污染物的吸收

并不是所有的城区都比乡村温度高。在有些干热地带，城区树木数量明显高于周围乡村。在对加利福尼亚州萨克拉门托市研究后，斯科特（Scott）等人得出结论认为：

"在城市，对污染物吸收量最大的地方是居住区、公共设施（如公园、校园）用地、空闲未经营开发的地段和天然地段。此外，在机构驻地、商业／工业区、空闲／天然地段和郊区，还有不少地方可以用于植树。与城区不同，在美国中西部和东部地区，树木覆盖率沿城乡梯度逐渐降低。这样，与天然地段和未经开发地段相比，单位面积的污染物吸收率以居住区用地和公共设施用地为最高。因此，当污染物浓度高，而且有较充足的土地可以用于植树时，通过植树就可最大限度地发挥树木对污染物的吸收作用，达到降低污染的目的。"

第一篇　小公园规划与设计要素综述

1	2	3	4	5	6	7	8	第9章	10	11	12
Size, Shape and Number	Connections and Edges	Appearance and Other Sensory Issues	Naturalness	Water	Plants	Wildlife	Climate and Air	活动与群体	Safety	Management	Public Involvement

第9章

活动与群体

9.1 问题的提出

对公园的使用因人而异，人们在公园所从事的活动不同，到公园的出行习惯也不一样。对小公园来说，究竟应该设置什么样的活动，存在较大争议。有些活动不需要占据很大的空间，如坐在凳子上休息观赏。有些活动则需要较大的空间。有的人是独自去公园，有的则成双结对、成组成团，甚至是一个大家庭一起去公园。最近，公园越来越使生活充满生机和活力。虽然对公园能否增加体力活动还不太清楚，但是，公园确实能够提供娱乐休闲的机会。

经过精心设计，公园就可在某种程度上满足不同人群的不同娱乐活动要求，并且贯穿于每一天、每一周、每一个季节和每一年。

9.2 背景

小公园中所能开展的活动，最典型的就是日常生活中所经常遇到的，常常在住家或工作场所附近。例如，在公园中吃午饭、溜狗或者做些体育活动。有些活动强度较大，需要朋友们一起参与，有些只是观赏，而不必参与其中。对于某一个具体的公园，

图1-50　公园可为素不相识的人提供休闲和社交场所。

图1-51　公园可为各年龄阶段的人提供聚会和社交场所，这一点对儿童和老人特别重要。照片中的老人们在玩多米诺骨牌。

究竟有哪些活动可以进行，取决于公园所处的位置及其周围的人口情况。

系统性差异

大量研究发现，不同的人因其所居住的地点、年龄、种族、性别、所处的阶层和收入水平的不同，导致他们在公园中所从事的活动和参与的人群，出现根本性的差异。

居住地点：多项研究发现，许多成年人和郊区居民与住在市中心的人相比，对野生动物和户外活动更感兴趣。他们更喜欢自然式的公园设计，倾向于把公园看作是一处供人观赏的风景，而不是活动场所。对这些人来说，观赏是很重要的活动。相反，市中心居民则把公园看作是"娱乐和社交场所"。来自欧洲的研究强调，很多城市居民很看重社会、文化和历史活动的价值，在干净整洁、管理良好的小公园里，人们可以体验文化氛围，发现社会价值。当然，这都是一般化的情况。

年龄：城市娱乐活动因年龄不同而有明显的差异。小公园为儿童提供了合适的玩耍场所，为老年人提供了进行社交和亲近自然的机会。

住在中心城区的孩子们与公园具有特殊的关系。他们的住家很少具有可供自由玩耍的后院。在公园里，他们可以尽情地玩耍，玩玩具、挖土、种植以及其他类似的活动。而在郊区，公园为人们提供参加社会活动的机会，因为为家庭庭院和郊区公寓通常不能承担这一角色。玩耍本身有多种形式，如规则性游戏、构造某种东西和嬉戏等（见"9.4 精选资料"）。穆尔（Moore）等人指出，儿童发育理论和经验研究表明，在玩耍场地应为孩子们提供6种发展机会：机器认识、使用和开发技能、对周围环境的控制决策技能、学习机能、表演技能、社交技能和逗乐机能。

一般来说，应针对不同的年龄阶段，不同的体格水平设置不同的玩耍项目。但是，孩子们往往喜欢"冒险"，应设置一些活动的、可拆装的材料，让它们自己去构造所喜欢的东西。典型的、带有冒险设施的游乐场，与在许多公园内经常见到的、设备设施静止不动的游乐场有突出的不同。但是，在这类游乐场里，能允许孩子们与周围环境进行互动。在佛蒙特市，亲身参与并进行了两年的观察后，哈特（Hart）写到，"孩子们建造的东西，更多的是让

图1-52　儿童游乐区在小公园中很常见，这里常常成为儿童和父母活动的中心。

他们享受建造的乐趣和挑战，而不是对已建成的东西的使用。"孩子们自己制作的东西，在最低限度上，至少应能鼓励创造性的发挥、锻炼肌肉、培养对大型机器的兴趣。孩子们还常喜欢围封场地，如由灌木和其他设施围封的地段，喜欢接近一些独特的空间。不同年龄阶段的孩子，包括学前儿童、小学生和十几岁的孩子都如此。有些儿童能形成一个友好的小团体，而他们更喜欢一些特殊的空间。

老人也使用公园。对老人来说，公园可能是很重要的社交场所。然而，老年人并不是完全一致的。在公园使用上，男女不同，种族之间也有差异，针对这些差异，廷斯利（Tinsley）等人作了专门的研究。在芝加哥林肯公园（面积488hm^2），他们对4组不同种族的老人进行了采访。55-93岁的受访者为463人。由此发现，对公园的使用，不同的种族有明显差异。亚洲人和西班牙人通常是与朋友和家庭结伴而来，被归为"附属型"。他们来公园的目的主要是观赏，而不是为了锻炼和自我提高，高加索人和裔美国黑人则完全不同。

种族差异：在前面有关内容中已经提到，种族

图1-53 公园的功能因种族而不同。拉丁美洲人常将公园用作大型聚会的场所。

内部个人之间虽存在一定的差异，但是总体上说，种族之间的差异要大于种族内部个体之间的差异。在洛杉矶和芝加哥等大城市所作的研究进一步证实了这一点。拉丁美洲人去公园通常是以一个大家庭为一个团队，在公园里进行社交活动，如野餐。美国黑人逛公园都是结伴而行，常在公园参与各种运动。大多数白人都是独自逛公园，欣赏公园的美景，老人或带小孩时也会结伴而行。高伯斯特在芝加哥林肯公园对898位游客进行了观察，有黑人、拉丁美洲人和白人。观察发现，在以团组形式逛公园的游客中，不同的种族，团组的大小不同。白人团队的平均人数为1.6，黑人团队为3.7，拉丁美洲团队为4.4，有许多拉丁美洲团队的人数达到10人，甚至超过10人。

亚洲游客团队的变化较大，很难有一般性的数目。来自芝加哥的数据显示，较大的家庭团队，平均人数为5.0，与拉丁美洲团队相当。在这些团队中，10人以上的占10%。来自洛杉矶的数据显示，亚洲人很少去公园。若要去的话也主要是老人，目的是为了社交活动。中国人之所以不去公园，部分原因是因为他们看重设计精美华丽壮观的园林，而在这些公园当中是见不到的。在威斯康星州对苗族（Hmong）人利用公园的情况所作的研究发现，他们在公园中的主要活动是钓鱼。

关于人们在公园中的活动情况，到20世纪80年代末的研究结果表明，非裔美国人更倾向于利用公园进行各种娱乐活动。这与中心城区的居民有点类似，这说明了种族与居住位置之间的关系。高伯斯特（Gobster）和德尔加多（Delgado）的最新研究表明，美国黑人因其历史渊源不同，也会呈现出某些变化。样本数量虽然不大，但也看出某种趋势。来源于南方的美国黑人，比北方的美国黑人更喜欢逛公园，并且多是步行。这说明，即使同一种族，个体之间对公园的使用也会发生变化。

一般来说，在休闲运动的选择上，不同的种族有明显的差异。有的喜欢柔道，有的喜欢橄榄球，还有的喜欢曲棍球和板球。在小公园中，设计安排足球场和棒球场是设计师所面临的一项挑战。关键

图1-54 小公园可为人们的单独活动，如阅读，提供空间。在美国，欧洲移民后裔更喜欢单独去公园。

图1-55 在小公园中，娱乐设施，如篮球场，常会成为中心活动区域，一些群体或同龄的人会经常使用。

问题是，要在设计时精心考虑，对某些活动因时间的推移，可以进行灵活安排。

性别：关于性别与公园的关系研究不多。哈钦森（Hutchinson）在芝加哥就妇女和老人对公园的使用情况进行了研究，共选择13处公园，面积大小不等。研究发现，逛公园时，妇女团队人数要比男人多两倍，而且男人更喜欢从事那些能够独自进行的活动。但是，必须注意，在这项研究中涉及了邻里公园、地区公园和湖边公园，所选择的公园类型以及妇女和老人的数量和分布代表性不足。在1980年，在芝加哥市，妇女占总人口的52.5%，而夏季游览公园的妇女团队的数量只占总量的1/4。类似的，老年人口占总人口的14%，但使用公园的人数只占6%。

对公园安全性的担心，可能是老人和妇女对公园利用率低的原因之一。但是，胡奇逊认为，公园的运动设施过于单一，如在所观察的公园当中，只有棒球场和垒球场，是另一个重要原因。这些设施不适宜老年人和带孩子的妇女和家庭团队。对于这些游客群体，运动场和餐桌应足够大，以容纳较大的家庭团队，并使它们能够进行适量的社交和观赏活动。当然，并不是所有的家庭都希望这样安排。比如明尼苏达州穆斯林移民，就希望在就餐区和运动设施上，将男人与女人分开。

阶层和收入：人们所处的阶层也很重要。在澳大利亚所作的一项调查研究发现，经济社会地位低的居民"可以使用各种娱乐设施的机会很多，但与经济社会地位高的居民相比，却很少使用这些设施"。来自美国的研究发现，因对犯罪的恐惧、健康问题、交通问题、花费，以及缺乏同伴，低收入群体对公园的使用率低。

主动性生活

公园可以为一些娱乐性活动，如球赛、慢跑、散步和溜狗等，提供重要的活动空间。关于人们进入公园后在公园所从事的活动类型，已经有大量的研究报导。但是，公园对一般公众（包括那些不去公园的人）的活动水平究竟有多大的影响，仍然需要进行大量的研究。公园确实能够为人们休闲运动提供场所和机会，而这在有些地方是无法做到的。但是，还没有充分的研究表明，正如人们所想象的那样，在公园中从事各种休闲运动，就一定能够在整体上提高人们的体格水平。还有，假如建筑物和开放空间设计不合理，大面积的开放空间会降低建筑物密度，使去公园变得更困难。建筑物密度太低，步行去某一个目的地就很费劲。由于过分分散，乘坐公共交通的人数稀少，惟一的交通方式就是小汽车。

体育活动研究因数据收集困难而受到阻碍。直到最近，所使用的仍然主要是自我支持性数据，研究的重点集中在体格锻炼或身体治疗上，忽视了体育活动对工作和家务活动的影响。关于散步，大多数研究表明，对于以身体治疗为目的的功用性散步，与周围环境密切相关；以锻炼为目的的散步，与周围环境关系不大。这一结果，也适用于大多数体育活动。

借助"行为风险因子监测系统"所提供的全国性的数据，抽取出206000受访者3年的调查结果后，麦卡恩（McCann）和尤因（Ewing），对"县城扩张指数"与自由选择的业余体育活动之间的关系进行了研究。发现"县城扩张指数并不影响人们的业余体育锻炼。当询问上个月是否进行过跑步、打高尔夫球、游园、散步和任何其他业余体育活动时，零散开发地段的居民和密集开发地段的居民几乎都是完全相同的回答，他们从事过某种体育锻炼"。

布朗逊（Brownson）等人按经济收入，抽取了1818人，就他们的体育活动情况进行了调查。这是一个经常被引用的研究。在这项调查中，最重要的环境变量是经济收入。低收入人群更看重景观欣赏，高收入人群更喜欢步行，这或许反映出在各自的居住环境当中所缺失的东西。据报道，低收入人群所面临的犯罪危险比高收入人群高40%。但是，没有足够的统计数据表明，收入与体育活动之间有明显的量的关系。

体育活动环境，不同社会经济地位有不同的反应。例如，吉勒斯－科尔蒂（Giles-Corti）和多诺瓦（Donovan），就娱乐性的体育活动情况，对1803人进行了调查。调查发现，在澳大利亚珀斯（Perth），社会经济地位低的人群，有更好的空间接触到娱乐设施和人行道，但与社会经济地位高的人群相比，却很少使用，原因归罪于交通不便、吸引力差以及其他配套设施不足等。

这并不是说在体育活动方面，公园的作用不大。公园确实能够提供各种体育活动和其他有益于人类健康的活动，如减轻压力等。但是，在计划投资以增加公园的体育活动能力时，要慎重考虑。有一点是很明显的，没有公园，人们对体育活动的选择性降低，对那些行动不便的人或不能开车（老人和儿童）的人，更是如此。公园如何对于公众的健康产生影响，是一个值得深入研究的领域。随着研究的深入，这个问题会越来越清楚。

9.3 设计指导原则

（1）公园设计要从长远考虑，在不同的时间可以容纳不同的活动，做到每天、每周、每一年甚至数十年，都可以安排各种各样的活动（详见"9.4 精选资料"）。

（2）为大多数人提供所喜欢的活动空间，而不仅仅局限于成年人。土地紧张的地段，设置多功能运动场地，其间穿插休息座椅和人行小路。使各种不同年龄阶段的人都能够找到舒适感，如有靠背的座椅，供老年人使用，对儿童和老年人，还要设置厕所和饮用水源。

（3）设置步行道，配置不同的造型间隔，鼓励老年人和其他喜欢运动的人进行体育活动。步行道主要供行人通行，而不必仅仅局限于老年人。宽度要适宜，防止发生碰撞，如慢跑碰撞。

（4）野餐桌既可供大家庭使用，也可供小家庭使用。为满足不同人群的需要，可设置活动桌椅。钢筋混凝土桌椅虽可防盗，但因其不能移动，限制了许多社交活动。零星布置的桌椅，能坐下4-6人，适合于典型的美国家庭（父母和孩子）。

（5）树荫下的长凳特别受老年人欢迎。还可以对长凳进行特意安排，已适于某些人相互间谈话和进行私人接触的需要。活动座椅最好。设置一些随机摆放的座凳，供一些独行者观人、观赏植物和动物。

（6）儿童游乐设施尽可能多变化。穆尔（Moore）等人给出了一些关键性设计原则。

- 公园内和公园外的可接近性。
- 安全性和安全性分级。
- 设施和空间的多样性，包括对这些设施的使用和撤离。
- 灵活、开放的出口，易于成年人和儿童出入。
- 空间具有防护性，可见。
- 尽可能对所有活动进行监督。

图1-56　在大型社会活动中，小公园为人们提供聚会场所。马里兰州哥伦比亚市一个节日，人们正在欣赏户外音乐会。

- 建立一个熟悉的、易于辨认的永久性的空间。
- 设置标记性要素，标明因季节和情况变化应转换的活动。考虑到一年四季的不同需要。
- 设置多种感官刺激和暗示。
- 庇护型设置。
- 留出社交空间，适于大小不同的团队和不同的年龄阶段。
- 为不同年龄的儿童划定不同的游乐区。
- 为与动植物的互动留出空间。
- 导向性标志，如地标，导向符号等。

（7）对于大龄少年（13-19岁），设置专门的活动空间，让他们到自然中测试自己的体力体能，既不需要成年人的过多监护，又不干扰别人的活动。公园入口处可设置两块空间，供大龄少年和老年人各自聚会使用，满足两者的社交需求。将大龄少年与幼童的活动分开设置，也是值得考虑的设计手法。

（8）留出空间，以便游客观看表演、欣赏别人或被别人欣赏。例如，游客用于散步的空间就可具有文化上的或习俗上的特殊性。在某些文化背景下，传统上都将公共街道或类似街道的东西纳入公园范围之内，而有些人则不喜欢，只需要公园本身的内部空间。

（9）慎重选择公园的入口。尽可能地将入口选在靠近交通中转站的地方，低收入人群，年龄太小或年龄太大不能驾车的人群，可以步行进入公园。

（10）对于不同的活动之间，以及公园与邻近地区的交界，要精心设计，防止冲突（"1.2 连接与边界"）。清楚地划定空间界限，尽可能减少'草皮'模糊不清的情况发生。

9.4 精选资料

一般社会问题

- 对公园的有序竞争使用

胡奇逊对有关文献和先前 13 个公园的研究结果进行汇总后，就不同群体对公园的使用在时间上的变化情况进行了描述：

"一天内，不同群体对城市公园有限空间的使用存在竞争。因为公园空间和设施的限制，如不合理地引导竞争，就会立即发生冲突。因此，对于任何城市公园，都应该有其独特空间和时间上的'有序竞争'。在我们的观察中，不同年龄之间、原住居民与新移民之间的竞争表现得最为明显。在许多公园中，不同年龄阶段的人，在公园的使用时间上有了分化。如老年人通常在早上占据公园某个有座凳的区域，下午便离开，这时大龄少年进入公园。另外一个例子是，公园邻近的原住居民在上午利用公园的设施，到中午吃饭时间或下午，来自新移民团体的年轻家庭进入公园。到了晚上，当大龄少年、年轻的成年人和老人享用公园的时候，原住居民就全部离开了。"

年龄

- 孩子们的玩耍形式

对于儿童在庭院中的玩耍类型，泰勒（Taylor）等人，挑选了一些绿化覆盖程度不同的庭院进行了研究。他们将儿童的玩耍归为 8 大类：即扮演游戏、有规则的游戏、重复性的玩耍（如滚动玩具）、构建物体、探索性或没有明确目的的动手操作游戏、探索性攀登（即抱住大树，把手脚搭在树枝上，或者用绳线将树缠住，然后用力拉绳线）。

- 运动场地设计的三种主要方式：传统式、冒险式和现代式。

运动场地的设计形式多种多样。巴伯（Barbour）总结为三种主要类型：传统的运动场地，面积大，多为金属设施，如爬杆、滑梯、秋千等，儿童们可在这些设施上玩耍。现代运动场地，用途多样，相互连接，有多种进出方式，留有多种场所和设施供儿童进行多种玩耍。冒险式运动场地，加进了许多种移动性的材料和工具，儿童可用它们构建自己喜欢的结构。每一种运动场地都有独特的活动和活动频率。儿童们在选择时，一般是先选择冒险性运动，后选择现代运动，最后选择传统式运动。*

- 在粗糙场地玩耍的好处

在挪威，弗约特夫（Fjortoft）和撒格耶（Sageie），在不同环境条件下，对 5—7 岁儿童的玩耍类型进行了观察。安排 46 名儿童，在一片天然地块上玩耍，从 9 月到 6 月，在一个学年内，每天两个小时，由老师监护。另选 29 名儿童作为对照。研究发现，在天然地块玩耍的儿童得益非浅，转圈驾驶和在各种粗糙地面上的驾驶技术明显提高。与对照相比（n=29），试验组（n=46）的孩子们对机器的驾驭能力明显要高。在平衡和协调能力方面，两个组相比达到极显著水平（P<0.01）。[†]

- 植物类型与玩耍

弗约特夫和撒格耶，对儿童玩耍与周围环境之间的联系进行了研究：

"不同的景观要素承载不同的玩耍形式。玩耍活动与植被类型以及树木和灌木的外观具有正相关性：即兽穴营造需要零散分布的灌木，夏天爬树需要松树，冬天则需要幼年落叶树。下雪使枝条更易接近。地形，主要是坡度和地面起伏程度，对玩耍活动也有影响。陡坡主要用来做滑梯，陡峭的峭壁用于攀爬。"*

---

* Reprinted from A. C. Barbour. 1999. The impact of playground design on the play behaviors of children with differing levels of physical competence, *Early Childhood Research Quarterly* 14 (1): 76. © 1999 with permission from Elsevier.

† Reprinted from I. Fjortoft and J. Sageie. 2000. The natural environment as a playground for children landscape description and analyses of a natural playscape, *Landscape and Urban Planning* 48:92. © 2000 with permission from Elsevier.

* Reprinted from I. Fjortoft and J. Sageie. 2000. The natural environment as a playground for children landscape description and analyses of a natural playscape, *Landscape and Urban Planning* 48:95. © 2000 with permission from Elsevier.

种族

• 公园使用在种族方面的差异

亭斯利等人在芝加哥林肯公园对一些老游客进行了采访，结果发现：

在4个种族之间，对公园的使用表现出明显的差异。美国黑人喜欢与朋友一起逛公园，高加索人则喜欢单独或者与直系家庭成员一起逛公园。这两个种族都不以有组织的团队形式或一个大家庭形式来逛公园。美国黑人来公园的目的是为寻求娱乐，进行自我提高和锻炼，而西班牙人和亚洲人则不同。高加索人比上述三个种族更看重体育锻炼，这体现在他们逛公园时通常是单个行动，而不是以团队的形式活动。

西班牙人和亚洲人被认为是集体主义者，因为西班牙人非常强调家庭，而在亚洲文化中大型社会组织更重要。西班牙人逛公园时喜欢一个大家庭一同去或加入到某个团体中。这与欧文（Irwin）以及其他学者的发现相一致。欧文发现，墨西哥裔美国人在使用由美国林务局经营管理的林内场地时，喜欢许多人一同参加（M=12.8人），比英裔美国人（M=6.9人）多。亚洲人逛公园时，通常是一个大家庭或一大群朋友一起出动，团队人数比美国黑人和高加索人要多得多。他们很少单独逛公园。因此，毫不奇怪，亚洲人逛公园附属感是社会心理上的第一需要，而西班牙人则把附属感排在社会心理需要的第二位。还有，西班牙人和亚洲人认为锻炼和自我提高，所占的地位不像其种族那样重要。这与西班牙人和亚洲人文化上的集体主义性格相一致。

• 不同种族的人在活动上的差异

德怀尔从伊利诺伊州保护厅随机电话调查数据中，抽取出了1987年、1989年和1991年的电话采访数据。在这个数据样本中，白人2150人，黑人342人，西班牙人87人，亚洲人56人。没有白人的样本数据太小，不足以说明种族之间在活动上的差异。所有受调查种族都认为户外活动很重要，白人参加的活动类型似乎更多。但，德耶注意到：

"有些很明显的例外情况：有很多黑人打垒球/棒球，跑步/慢跑和打篮球；踢足球、打篮球和参加郊游的西班牙人，占的比例也很高；很多亚洲人喜欢郊游和打网球。"

• 种族不同带来的在体育运动方面的差异

高伯斯特在林肯公园，分不同的时间、在不同的地点对不同种族的人群，在公园所从事的体育运动进行调查。观察人数为898人，有黑人、拉丁美洲人、亚洲人和白人，发现了三个有趣的现象：

(1) 与白人相比，所有少数民族都更喜欢从事一些被动性的、社交性的公园活动。正如前面已经提到，拉丁美洲人和亚洲人最喜欢郊游。其他被动性的、经常参加的活动，黑人为聊天和社交，亚洲人为有组织的节庆和聚会，拉丁美洲人为观看有组织的体育活动。

(2) 白人最喜欢从事主动性的个人运动。散步和骑自行车，前面已经提到过，其他最具代表性的是慢跑和溜狗。

(3) 所有种族都喜欢参加主动性的团体运动，但在某些运动上有所差别。黑人更喜欢打篮球，拉丁美洲人更喜欢踢足球，亚洲人更喜欢打排球和高尔夫球，白人则更喜欢打高尔夫球、网球和做各种游戏性运动。

• 拉丁美洲人之间的不同

高波斯特还注意到同一种族内不同人群之间的差异：

在同一拉丁美洲组内，对公园的使用差别不大。但是，墨西哥人、波多黎各人和中南美洲人，在公园所从事的某些活动上存在着差异。最大的差异表现在足球上。中南美洲美国人，有26%的人踢足球，墨西哥人当中踢足球的占14%，而波多黎各人中没有人踢足球。其他体育运动，如篮球，波多黎各人更喜欢打篮球（占17%），其次为中南美洲人（占6%），最后为墨西哥人（占1%）。在游泳运动方面，波多黎各人更擅长，占47%；墨西哥人占31%；中南美洲人占23%。在郊游方面，墨西哥人占优势，占40%，中南美洲人占32%，波多黎各人占13%。

性别

• 性别与娱乐

在芝加哥13个公园中，对妇女和老人所作的研究揭示：

在夏天，有一半以上的妇女从事静止性的活动，如停坐在运动场上的运动设施或座凳上交流或慢步郊游。男人当中只有不到30%的人从事类似的活动。妇女所从事的占优势的活动，都是与性别和儿童照料相关的。在运动场区，所观察到的最主要的活动就是母亲或老妇人照料蹒跚走路的儿童。

阶层

• 收入与公园

就收入不同所带来的对公园使用

的差异情况,斯科特和曼逊(Munson)对1054人进行了电话调查,结果发现:"收入水平影响到对公园的使用。低收入人群,因害怕犯罪、缺少伴侣、健康不佳、交通问题和花费等,对公园的使用受到限制。另有数据表明,如果公园的安全性提高,离家更近一点,去公园所花的时间减少,有通往公园的公共交通工具,去公园的花费有所降低,有儿童和家庭成员的陪伴,低收入人群也会经常去公园。"

• 阶层不同、种族不同在公园从事活动方面有差异

弗洛伊德等,为了验证种族和阶层与业余活动之间的关系,于1985年进行了一次全国性的电话调查。计划电话采访2148人,实际上接受完全采访的有1607人,部分采访的为104人,完成率为66.5%–70.8%,其中女性占60.4%,黑人占9.0%。调查发现:

"正交表分析发现,因种族和阶层而造成的活动方面的差异,在统计学上并不显著。只有两种类型的活动因种族不同而有所差异,即团队运动和社会群体性活动。与白人相比,黑人更多地参与保龄球、篮球、棒球等体育活动,以及一些社会群体性的活动,如去教堂、参加俱乐部、参加志愿组织或聚会等。只有3种运动,即钓鱼、健康锻炼和打高尔夫球,在有些阶层中有差异。与中产阶级相比,穷人和工人阶级,更喜欢从事与钓鱼和狩猎有关的运动,而很少从事健康锻炼活动。"

主动性生活

• 在建筑稠密的城区,小面积的开放空间也会给人类健康带来许多好处。

竹野(Takano)等人对老年人健康与周围环境的关系进行了调查。调查地点设在东京建筑、人口等高密度的城区,邻近有小面积绿色空间,历时5年,共调查2211位老年人。调查发现,在高密度的城区,可以步行通过的绿色街道和绿色空间,即使面积不大,对老年人的健康也很有好处。但是,在密度较低的城区,像大多数美国城市,这种现象却不明显。

"居住区周围的环境质量好,如有空间可供散步,街道两旁有成行的树木,阳光充足,来自机动车和工厂的噪声低等,老年人的寿命就会长。5年的观察发现,不管年龄、性别、婚姻状况、对待社区的态度和社会经济地位如何,居住区周围可以行走的绿色街道和绿色空间,对老年人的寿命都有显著的正面影响。"

绿色街道和空间对老人寿命的影响与个人特征无关,表明在人口稠密的城区,居住区周围的公园和行道树,对老年人的生活特别重要。经过对相关数据的汇总分析,竹野(Takano)等人证实,在人口稠密的城区(4000人/km² 以上),林地面积/农田面积比率与低死亡率呈正相关。但是,在人口密度低的地区,不具有这种相关性。

(注意:这里的城区人口密度为一般城市水平。作为对比,1989年的资料,几个大城市的人口密度为:波士顿2845,纽约4483,芝加哥3343(单位:人/km²)。*

---

* Reproduced with permission from the BMJ Publishing Group, *Journal of Epidemiology and Community Health* 56(2002):913–918.

第 10 章 安全

10.1 问题的提出

公园的安全问题涉及许多方面,如犯罪和对犯罪的恐惧、位置和草坪的影响,以及意外事故等。对公园和公园中的植被经过精心的设计和管理,可以有效地提高公园的安全性。

10.2 背景

犯罪与对犯罪的恐惧

个人安全是公共空间设计,包括公园设计的核心内容。早在20世纪60年代,设计师们就已经意识到环境与犯罪具有一定的相关性。1961年,雅各布斯(Jacobs)在其著作《美国大城市的生与死》一书中就曾指出,具有多种多样活动的地方,相当于在街道上"安放上数只眼睛",对一些不良行为能够进行非正式的监督。1971年,犯罪学家杰弗里(Jeffrey)将通过环境设计(或CPTED)来预防犯罪的现象,称为犯罪预防。犯罪预防的基本思想和基本方法,就是使犯罪行为难以实施,或者犯罪以后难以逃脱。有了环境的改善和公众的参与,上述两点就可做到。犯罪学家指出,社会和经济因素会对犯罪产生强烈影响,作为犯罪预防的重要内容,环境的改善能够降低某些不良行为发生的机会。

早期的犯罪预防,采取的策略主要有:明确地域的归属,公园游客、在公园附近居住或工作的人,对公园的某些空间提供自然监视。有些区域易于使游客上当受骗,便于犯罪分子躲藏和从事破坏活动,尽量减少这类地方的面积。这些方法招致了一些评论家的批评。现在的犯罪预防,已经演化到了'第二代'。其主要内容是,将以前在犯罪预防方面所采取的一些核心措施,与社会性犯罪预防策略结合起来,比如促进邻里之间的相互认识和交流。

在公园设计中,个人安全是一个很复杂的问题。就犯罪与开放空间的关系,迈克尔(Michael)和赫尔(Hull)有一番评论:

目前,在城市植被管理方面有两种相互矛盾的趋向,一是提倡大量种植植物,另一个是提倡砍除植物。有些组织和结构,在城市中大量种植树木和其他植物,以改善邻近地区的自然环境;而有些组织和机构则不断地砍除植物,因为他们认为,这些植物有利于犯罪活动。双方都投入了大量的精力和财力。

公园中,环境对犯罪的促进和限制,主要体现在4个方面,即监视、隐藏、逃避和瞭望。

监视是指不希望看到或听到犯罪。前提是行为不轨者不希望被抓住。

隐藏是指犯罪前、犯罪后,甚至在犯罪实施过程中犯罪分子躲避隐藏的能力。

瞭望是指一个人对周围环境的观察能力。与监视不同,它强调的是受害者,而不是周围环境中的其他人。

与大公园相比,小公园有其有利的一面。小公园周围常有较稠密的建筑、道路和人行道,来自公园外面的监视机会高。此外,不像一些植物秘密的区域,小公园内供犯罪分子隐藏的地方相对较少。米切尔和胡尔所描述的犯罪过程为:

- 到达犯罪现场。
- 寻找受害者。
- 接近受害者和受害者的财物。
- 犯罪实施。
- 逃跑。
- 检视非法获得的财物。
- 销毁证据(如笔记、钱夹等)。

少数人认为,天然林区犯罪率低。但大多数人认为,空间越开敞,越安全。为获得较开敞的空间,就要控制林下植被的生长,一般不要超过眼高。但是,在树木和森林占优势的地区,与其生境特性不相符。

在这种情况下,就要考虑树木的密度问题。在建议增加树木密度的一项研究中,郭等人认为,在安全方面,树木具有相互矛盾的特性。一方面,树木使一个区域看起来是经过精心照料的。另一方面,它又会阻挡视线。在一个针对低收入人群的开发项目中,他们认为,提高树木密度,会增加安全感。不过,郭等人在研究中所提到的最高密度也只有 55 株/hm^2。在林学上这个密度是很低的,接近于稀树草原。多尔尼(Dorney)等学者指出,密度为 43 株/hm^2 时,就应属于稀树草原。

总之,在进行公园设计时,要尽量减少为犯罪

图 1—57　A. 没有下层植被的树林,可以向四周观望,把可以隐藏和躲避的空间降至最小。B. 林下有低矮的下层植被,但距道路有一定的距离。游客可以扫视整个公园,同时又具有一定的生态价值。C. 植物稠密,道路利用率高的地区,生态价值高,但会创造更多的隐藏的地方,在这种小路上行走,会让人感到很害怕。

图 1—58　公园中有执法人员,会增加公园的安全感。但是,最好是没有警察也能使人感到安全。

分子提供躲避隐藏的机会，尽可能地增强监视、瞭望和逃脱受害的能力。但是，在公园中有时又需要一定的隐秘性，如需要高大的树木，孩子们玩捉迷藏游戏等，还有某些特殊生境，都会产生某些隐秘地段。这就需要进行合理的平衡安排。稀树草原式的景观，虽然不能反映当地的植被类型，但在犯罪预防方面却很有效。即便是仅仅将道路加宽一点，便于警车通行，对预防犯罪也很有用。

领地和草坪

不像犯罪那样简单和单纯，公园中另一个常见的问题是，一个小团体占据一块公园空间，他们的活动使别人感到不舒服。这些小团体的活动，有些可能是合法的，如孩子们聚在一起攀树吊挂；有些则是不合法的，如吸毒。库珀·马库斯（Cooper Marcus）和弗朗西斯（Francis），引用威廉·怀特（William whyte）的说法，认为多增加一些活动形式，可以减少上述活动的集中程度，使其维持在一定水平上，又不会对别人造成威胁。对于那些不合法的活动，也会降低其负面影响。关于草坪在小团体活动中的作用将在"活动与群体"中详述。

儿童安全

在小公园设计中，儿童安全是一个很重要的方面。特别是在运动场地，儿童安全问题更是人们关注的重点。在进行小公园设计时，一方面要避免各种事故的发生，另一方面要锻炼孩子们的技能、进行一些适量的有探索性的活动。

10.3 基本设计原则

（1）照明问题。供晚间使用的场所，需要有合适的照明设施。有些不希望游客光顾的场所，或者有意隔离的场所，灯光可能产生误导和危险。

（2）公园视野开阔，有助于减少游客受到侵害的机会。公园中的灌木，特别是路边的灌木要适时修剪，使犯罪分子不易躲藏。对公园周围的环境也

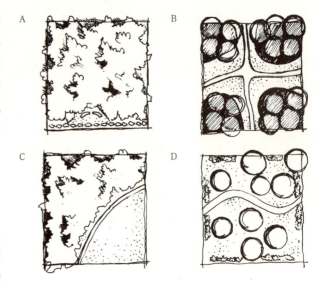

图1-59 公园中植物配置方式对安全有重要影响。
A. 树木茂密，通道稀少的公园，形成良好的生境，但不利于安全。
B. 道路宽敞，视线好，路边的灌木形成围封，提供遮荫，创造良好的生境。
C. 既有密集的树林，又有开敞的空间，具有生境和休闲双重价值，但要特别注意林缘的安全问题。
D. 树冠宽大的树木，与低矮的灌木相配合，视野开阔，将安全问题降到最小，但不利于形成良好的生境。

要适当考虑，如居住区居民，大楼中的工作人员等，对公园具有天然的监视作用。犯罪易发地段，不要设置稠密的植被，而要使视线开阔。

（3）考虑到小公园可以作为野生动物的生境，那么在进行小公园设计时，还要注意植被结构对安全的影响。一方面，要使人们认识到生态结构和景观功能的重要。另一方面，又要使人们感到安全。对于公园中那些人流量大的区域，如休闲小路，这一点特别重要。在温带地区，狭窄、两侧长满密集树林的小路，会使人感到不安全。道路加宽，安全性提高了，但是会产生生境断层，对植被和生境的连接不利。在管理和维护时，就需要在二者之间找到一种平衡。

（4）慎重考虑儿童的安全问题。既要防止各种不幸事故的发生，又要考虑到孩子们的身心发育（主要是培养良好的技能和探险精神）。一般来说，运动设施下面要有合适的铺装。

10.4 精选资料

公园安全与公园景观美感之间存在着微弱相关性

施罗德和安德森（Anderson）对公园的安全问题进行了研究。他们挑选68位大学生，让他们对一些娱乐区的照片进行安全性分级。结果发现，在安全感方面，存在明显差异。例如施罗德和安德森注意到：

"对于位于高度开发地区的城市公园，大多数人感到安全。对有茂密森林覆盖的地区感到安全性降低。少数人的感觉恰好相反，认为稠密的树林区最安全。关于景观美感，情况则不同。大多数人喜欢具有天然特征的森林区域，少数人更喜欢城市公园，而不太喜欢未开发的森林区域。一般来说，空间宽广，视野开阔，开发建设程度高，邻近有居住区，安全性高。另一方面，景观美离不开天然植被，可能是森林，也可能是类似森林的、公园中的植物配置，人造特征会降低景观美感。总的来说，景观美感与安全性之间的关系并不是很密切，有时景观美伴有高的安全性，有时美感差，安全性也低；还有的时候美感高，但安全性低，或美感低，安全性高。"

在一个低收入公共居住区，"高"密度树林安全性高。树林密度为55株/hm²，没有林下植被

在一个美国黑人低收入公共居住区，就树木密度与安全性的关系问题，郭等人进行了研究。他们对100位居民进行了采访，对具有不同密度和不同草坪维护保养水平的照片进行分辨。照片上作展示的树木密度为0、30、55株/hm²。研究发现，不论是在安全方面，还是对于树木的喜好方面，受访者都表现出很强的正面反映。

致命跌伤与地面材料及厚度关系表　　　　表1-5

地面材料	厚度（mm）①	跌落高度（m）	冲力①
水泥地面	127	0.025	210
沥青地面	102	0.050	210
泡沫垫	32	1.220	200
橡胶垫	41	1.525	225
砂（粗）	229	1.830	235
砂（细）	229	2.440	215
木片	229	3.355	220
砂砾	229	3.660	190
木板	229	3.660	135

注：①环境温度。②受伤冲力阈值为50g，致命阈值为200g。

在所测试的三种密度当中，都选择密度最高的那一种。

郭等人因此得出结论：

树木对安全的影响可以有两个方面：一是缩短视距，降低安全感；二是体现出对场地的精心管理，具有较高的文明程度，增强安全感。所以，在城市环境当中，一些人类活动较少的地区，如内城的户外空间和废弃的地段，树木对安全的正面影响远远高于负面影响。相反，在一些人类活动非常频繁的地段，高密度树林的负面影响远高于其正面影响。

运动受伤和运动场地地表材料

邦德（Bond）和佩克（Peck）引自马萨诸塞州的未发表的数据表明，在运动场地，跌落是最常见的受伤形式，占各种受伤类型的70%-76%。跌落地面后，头部的受伤程度与地面铺装材料相关。头部所可以接受的最大冲击力为50g，达到200g时就会致死。如果从0.9-3.7m的高度，跌落到水泥地面上，就很可能造成死亡。

邦德和派克对波士顿的47家公园进行现场调查后发现，地面铺装材料（席、砂、木片）合格、但管理维护不善的占63.8%，不合安全需要的占36.2%。主要是沥青、砂子或裸露地面。

天然运动场地的安全性

关于天然区域的安全性，弗约托夫（Fjortoft）和撒格耶（Sageie）有一个大致的描述（在"1.9活动与群体"已作过介绍）：

天然环境作为儿童玩耍场所面临许多挑战，在规划设计及有关政策方面需要有所改变。对运动场地的规划，现有的规划指导主要有3项标准，即运动场地与居住区、幼儿园以及学校之间的距离、场地大小和接近场地的安全性。在规划硬件上，没有考虑到儿童需求的多样性和运动场地对儿童潜能的激发作用。从这个方面来说，运动场地的规划就还要考虑一个可接受的风险水平。安全性高的运动场地，通常是那些花费最少、风险最小的地段。因此，在未来儿童运动场地设计中，景观要素的多样性、经济上的可承受性、风险与安全以及可接近性和耐久性等，都是重要的规划标准*。

---

* Reprinted from I. Fjortoft and J. Sageie. 2000. The natural environment as a playground for children landscape description and analyses of a natural playscape, *Landscape and Urban Planning* 48:95. © 2000 with permission from Elsevier.

第 11 章

管理

11.1 问题的提出

提到'管理'一词，很可能会使人联想到对小公园内设施和场地等有形实体的维护保养。但是，作为社会生活和生态环境的组成部分，仅有有形实体的维护保养是不够的。公园的管理应是全方位的，应考虑下一代的整体需要。对于管理者来说，一方面要实现短期管理目标，保证有充足的资金维持公园的运转；另一方面，又要着眼于未来，考虑到公园的社会和生态效益。现在有许多不同的机构都在插手公园的管理，有时目标相互冲突，结果造成绿色空间体系的破碎和分割，使公园不能发挥最大效益。

11.2 背景

小公园管理是一个很宽泛的题目，涉及的内容和活动很多，由于篇幅所限，不可能进行详细的论述。在此仅选择4个最重要的方面加以介绍讨论。这4个方面是：①管理区。②管理成本。③生境维护。④生态系统管理。

管理区

小公园管理当中，可以有多种不同的管理带。这些管理区与3个主要要素相关联，即人类活动、地下地表状况和植被类型。这三个要素对景观质量具有长远的影响。公园设计师、规划师和管理者所关心的问题之一，就是公园的利用强度、使用对象以及可能带来的安全和损坏问题。

小公园中可能只有一个管理区。例如，位于市中心人口稠密地区的一处广场可能就只有一种人工栽培的景观。相反，城市边缘地区的大公园不但有开阔的视野和可用于进行各种运动的平整的草地，而且也有一些相对阴暗的地区，或者有一些位于水源、湿地、森林、草地、灌木林地、甚至沙漠边缘的天然野生区域。

此外，在宏观绿色框架下，一个公园也可以只有一个管理区。管理的重点是植树造林和生境恢复。各种不同的机构都插手公园的管理，在配合协调上往往比较困难，但多种机构的参与可以唤起公众的关心。

成本

小公园因其面积小，单位面积、单位时间内管理维护成本高。管理时就要设法消除面积小所带来的不利影响，尽可能地降低管理成本。成本降低的大小，取决于三个方面，即场地和设施的损耗程度、视觉变得开阔，但却丧失了许多美学和生态价值。一般来说，只要树冠开敞，不阻挡周围的景观，且能最大限度地降低犯罪分子的隐藏机会，大多数人都喜欢较高大的灌木。从生态学的观念来说，对灌木不加修剪，让其自然生长，可以有更多的物种与其共生，有更多的花果为动物提供食物来源，从而有利于生境的改善。随季节变化，植物有时开花，有时挂果，这对人类也很有吸引力。但如果说植物的开花坐果特别凌乱，在硬质地面上就会带来不小的管理问题。

对小公园的管理会直接影响到公园生态系统的多样性和复杂性。更详细的讨论见"大小、形状和数量"、"水"、"植物"、"野生动物"以及"气候与空气"等内容。

图 1-60　这两个公园有各自不同的管理区。上图，草坪有明确的边界，被正在风化分解的花岗岩所包围，具有沙漠风格。从生态学的观点来看，对沙漠动植物没有任何生境价值。树木和草坪的有机结合，使公园带有温带气候特征，但需要进行高强度维护的只有一块区域。下图，天然草地不需要过多的维护，但却创造出良好的生境和色彩。草坪需要有较高强度的维护。但是，为了开展各种娱乐休闲活动，人们需要它。一年生花卉也需要维护和管理，但它能吸引人们进入公园。不同的维护管理水平吸引不同的人群，从事各种不同的活动。总管理成本也维持在一个较低的水平上。

以生态学为基础的管理方法

最近十几年来，一些生态学原理在区域性开放空间管理中得到应用。生态系统管理原则是最著名的管理方法之一。应用该方法，公园设计师、规划师和经营管理人员，将公园从设计到管理的各个阶段，特别是保护性廊道和绿色通道设计与管理，有机地融合为一个整体，作为一个生态系统来对待。该法于 20 世纪 90 年代最早应用于美国联邦土地管理，如成熟林管理和濒危物种的管理。它强调将一些生态学的原理应用到土地管理之中。

生态系统管理所关心的一个重要问题，就是景观破碎的原因、结果以及为避免或减轻景观破碎所应采取的措施。对澳大利亚破碎景观研究后，桑德斯（Sanders）认为，对于破碎景观的管理，应重点考虑以下两个要素：①对天然生态系统的管理或者对残留生态区内在原动力进行管理。②天然生态系统外部影响因子的管理……对于小面积残留生态区域，应将管理的重点放在外部影响因子的控制上"。如把小公园看作是一块残留生态区，桑德斯的观点就可应用于小公园管理之中。与生态系统管理相关的一些其他重要的生态原则和实例见"土地利用生态管理导则"和"精选资料"等有关内容。这些生态学原则也适用于适应性管理。适应性管理是另一种以生态观点为基础的管理方法。该法首先给出管理中可能遇到的各种问题，进行重复性的科学试验，通过一系列连续试验对假设进行验证和测试。

正常维护所需的最低花费、以及雇员在管理上的灵活性，如灵活地在公园中使用火烧技术。此外，小公园人流量大，几乎不存在荒废区域，这就意味着人均管理成本要比那些使用频率较低的大公园要少。

另外，公园的维护成本可由周围房地产价值的升高而得到补偿。康普顿（Compton）发现，与公园毗邻的房地产价值可以升高 20%。这样公园的一部分维护成本，可以看作由邻近居民来支付。假如里面有一个运动场，运动场周围的居民就部分的支付公园的维护开支（详见"精选资料"）。

生境维护

在小公园中最典型的生境维护，就是草坪和灌木的修剪。经过修剪后，灌木被塑造成各种非自然的形状，如球形，形成低矮、稠密、多分支、叶片繁茂的冠型。修剪后所形成的低矮的灌木，使游客

11.3 基本设计原则

(1) 对人工建造的小公园进行维护和管理，一般来说花费较高。在进行种植设计时，应尽可能地考虑让植物自然生长，或者采用成本较低的维护方法。

• 在制定景观管理规划时，要考虑到小公园中植物群落的自然演替变化。有些适合当地环境条件的木本植物，在演替过程中可能会取代草坪，从而降低维护成本，从社会经济发展来说是可以接受的。这就需要花时间对当地植物群落的演替规律进行详细的调查研究。但是从长远来说，花点时间是值得的。如果规划实施得好，就会有效地降低维护成本。除此以外，为了维护公园所在地区的外观风貌，还需要对公园及其周围地区做进一步的规划设计。

• 尽可能选择维护成本低的本土植物，包括树木、灌木和地被植物，以本土植物为主所组成的景观，外观干净整洁，生境多样性程度高，群落结构合理，能够有效地减少空气污染（详见"气候与空气"）。

(2) 对于现有植物，包括树木和灌木，进行有选择性的修剪，尽量符合其自然生长习性。与达到修剪相比，有选择性的修剪所形成的树冠开张度更大。但是要注意维持良好的视线，植物枝条不要过分伸展，以免带来意外风险。

(3) 对树木要着眼于长期管理，提供适量的土壤和养分。正如吉姆（Jim）所指出的：

在景观建设项目中，存在一些资源分配不合理的现象，如植物与地上设施配置比例不适当，为植物所提供的土壤稀少（有时只是象征性地一点点）。这种现象再也不能继续下去，那种认为不管什么样的土壤，都能维持植物生长的观念应该彻底摒弃。

(4) 针对维护管理过程中所可能遇到的一些关键性问题进行实地调查分析。强烈建议进行土壤调查。通过土壤调查，特别是对于中心城区的公园，可以获得很有价值的土壤和树木生长方面的资料。对于乡村土壤，首先进行土壤调查也很有必要，但调查的重点主要是为了掌握土壤生产力的变化情况和场地条件。在恢复性景观建设项目中，为保证树木、灌木和草本植物的正常生长，往往需要更详细的调查，如对土壤进行分析化验等。

(5) 遵循主流生态学家所倡导的、以生态学为基础的、有关土地利用和管理的一些基本原理和指导原则。

• 时间原则　生态过程受时间尺度影响，有的长，有的短，生态系统随时间进程而变化。

• 物种原则　一个物种及与其相互关联的物种网络，在生态系统中具有关键性作用，并对生态系统产生广泛的影响。

• 地域原则　地域不同，气候、水文，以及地貌等因素有明显差异，对生态过程、物种丰度和物种分布具有强烈影响。

• 干扰原则　干扰类型、干扰强度和干扰持续时间决定种群特征、社区特征和生态系统特征。

• 景观原则　地表覆盖物的大小、形状以及它们之间的相互关系，影响到种群、社区和生态系统的内在变化动力。

(6) 信息资料的不足是公园管理所面临的一个主要问题。对公园在社会和生态方面的成本与收益问题进行深入的研究，有助于权衡投资的利弊。

土地利用生态管理指导原则

一个由主流生态学家组成的委员会，就生态学原理在现实世界中的应用提出了一些有益的建议。

下面是以生态学为基础的土地利用管理指导原则，目的是帮助土地管理人员，在进行土地利用决策时考虑到生态方面的内容。这些原则具有较强的灵活性，适用于多种土地利用类型。对于同一块土地，可以用于多种不同的目的。这就需要按照空间和时间的范围要求，进行合理的决策。例如，有些生态问题可能会延续数十年，甚至数个世纪，远远超出当时政策的影响范围。再比如，在对土地利用的时间和空间范围进行分析时，就需要涉及到土地利用的各方面。某些特殊情况下，这些指导性原则可以转化成行动的指南，有时也可以把这些指导原则看作是需要考虑的因素列表。

• 审视局部决定对较大范围土地利用的影响。

• 考虑到土地利用的长远变化以及不可预知事件的发生。

• 对稀有景观要素、关键生境以及与其相关

- 避免因对某块土地的利用，而造成更大范围内自然资源的枯竭。
- 保留含有关键生境类型、较大面积的连续或相互连接的区域。
- 尽可能减少外来物种的引进和扩散。
- 避免因开发对生态过程产生影响或者采取适当的措施予以补偿。
- 土地利用类型与土地管理尽可能与该地的自然趋势相一致。

在资金有限的情况下，破碎景观和生物多样性管理指导原则

对澳大利亚破碎景观进行研究后，桑德斯等人就有限资金情况下残留景观的管理，提出了4条指导性原则：

（1）第一步是确定能代表给定地域生物多样性的最小残留面积。

（2）第二步是按照物种多样性和生态系统多样性的要求进行管理。

（3）设立管理的优先级别。

（4）受内部作用力和外界因素的影响，残留迹地处于不断变动之中。为了保持迹地的现有状态，就要对其进行连续不断的维护管理。在这里又一次提到稀有资源的分配问题。对某些迹地区，应尽可能地让其保持自然状态，但不是对所有的迹地区。有时可以让某些迹地衰退。这样会导致迹地的自然化程度降低，但却易于管理，同时又具有某种保护价值。

11.4 精选资料

公园成本补偿

关于公园对邻近地产的影响，康普顿选择了约30个公园进行个例研究。他总结道：

公园对邻近地产具有明显的正面影响，可使邻近地产增值20%以上。如果公园客流大，使用强度高，邻近地产的增值幅度会降低。不过，当距离公园2-3个街区时，增值幅度也会达到10%以上。

植树的有益效应高于植树成本

在芝加哥，麦克弗森就植树成本和植树效益问题进行了研究。他总结说：

种树值得吗？在芝加哥，树木的有益效应，如节约能源、减轻空气污染、避免地表径流等，完全能够超过栽植和管护成本。假设年限为30年，折扣率为7%，树木总量为95000株，那么该项目的净现值为3800万美元，或者每株树402美元，收益成本比率为2.83，项目收益几乎是投资成本的3倍。

在芝加哥，树木什么时候开始有收益？

麦克弗森认为，树木的始收益期为9-18年：

"在芝加哥，树木什么时候开始有净收益？树木的回报期因树种、栽植位置和管理水平而不同。C-BAT（树木成本收益分析计算机模型）分析发现，在芝加哥市，因折扣率不同，树木的回报期在9-18年之间变动。折扣率低时，回报期短，折扣率高时，回报期长。"

城市森林管理策略与生态系统方法

在一篇有关城市森林的评论中，德怀尔（Dwyer）认为，对于城市森林的管理，很重要的一点就是要考虑到城市中的人为因素：

"在城市中，树木和森林的寿命长，在规划时就要从长远考虑。在种植和管理方面的支出属于长线投资，如有不当将会使收益降低，成本升高。制定良好的管理规划，并精心的加以实施非常重要。城市树木和城市森林收益率的高低，取决于树种组成、植物的多样性、树木的年龄、所处的地理位置以及其他景观要素。生态系统管理法，把人类看作是生态系统中的中心构成要素，着眼于城市树木和城市森林，与城市环境的相互作用，进而对各种管理方法及其收益率的高低作出评价。"

对于城市森林管理，有单株树木管理向生态系统管理的转变

在讨论城市树木覆盖率测算方法时，齐佩雷尔（Zipperer）等人建议对城市森林采用生态系统管理法。

在城市景观中，尽管景观构成要素变化多样，但树木种植类型最终要由人类来确定。哪些植物需要保留，哪些植物需要清理（包括清理的时间地点），种植什么样的植物，在哪里种植，以及哪些植物可以让其自然生长等，都需要有人来决定。关于城市植被、城市植被生态系统以及城市植被给人类带来的多种益处，一直是城市森林管理的中心议题。用生态系统方法对这些资源进行管理也已经呼吁

不同管理方法成本表（1）

——三种不同类型开放空间的建设和维护成本 （单位：英镑/hm²）　　　表1-6

指标	投资成本		建设成本（0-5年）		维护成本（5-10年）	
	平均	变动范围	平均	变动范围	平均	变动范围
本土型	4482	609-9854	1767	519-3870	640	303-2160
自然型	36166	6734-57091	10600	2560-15718	3578	738-5950
休闲型	20679	4952-5600	7488	1450-20942	5513	1450-17592

注：①本土型是指，对废弃地进行最低限度地开垦管理，满足植物的最低生长需求。
②自然型是指，模仿自然生境，对废弃地进行管理。
③休闲型是指，对废弃地进行传统的开垦管理，最后形成草地，可以有树木和灌木，也可以没有。

不同管理方法成本表（2）

——不同植被类型养护成本　　　表1-7

植被类型	年均养护时间（h/100m²）		养护成本（相对于养护成本最低的植被类型）	
	小规格	大规格	小规格	大规格
行走式割草机，一般休闲式草坪（5号手推式割草机，每年24次）	0.24	0.14	2.1	
休闲式草坪和大株行距树木	1.5	0.9	10.7	6.4
粗放草地（连锁式割草机，每年4次）	0.20	0.17	1.4	1.2
中度修剪的草坪（旋转割草机，500 mm，12次/年）	8.0	5.0	57.1	35.7
地被植物和灌木（覆盖和手工拔草）	8.0	5.0	57.1	35.7
苗床（每年种植2次，再加除草）	80	80	571.4	571.4

注：表中数据只是劳力成本，未考虑设备成本。地被植物管理成本因植物种类和管理阶段不同而发生变化。有些已建成植被不需要进行养护。手推式割草机成本受地面坡度的影响。影响的大小尚缺乏足够的信息，但是毫无疑问，植被的分布情况，对于手推式割草机成本具有重大影响。

多年了。但是，直到最近，对于城市森林，才开始由单一树木管理，向生态系统方法和景观方法转变，更好地把握森林斑块内部以及森林斑块之间的相互作用。

野生动物生境与城市森林管理

在一篇综述性文章中，邓斯特（Dunster）认为，树木学家及其他有关人员应重新考虑对城市森林的管理，以便为野生动物创造更好的生境。丹斯特写道：

对于已经死亡和正在死亡的树木，传统道德观念是立即将其铲除，以避免给人类带来危险，使以人类为中心的景观显得"不整洁"。但是，这种"清洁"方法，对生态系统却是有害的。树木学家需要更好地理解已死亡或正在死亡的树木，对于野生动物生境的重要作用。例如，大段树木，在森林经营中成为粗残留物，为许多昆虫和真菌提供食物来源。昆虫是鸟类的重要食物来源，鸟类控制着昆虫种群的数量，使其不至于暴发成灾。腐朽木是各种小型哺乳动物的庇护所和繁殖地。研究表明，森林中许多有益的菌根菌，都是通过小型哺乳动物本身及其颗粒状粪便，进行传播扩散的。

腐朽树木和腐朽灌木的有益方面

关于正在腐朽的树木，在生境维护和健康方面有哪些好处，丹斯特进一步注意到："清理的强度一直是一个必须考虑的问题。清理强度取决于所处的地段、树种以及经营管理目标。在城市环境条件下，一般是清除那些小枝条，以减少火灾危险。清理下来的小枝条，可以就地剪碎，摊成薄层，铺在树下，让其腐烂。但要注意不要堆大堆。由于分解放热，大堆会引起自燃，或者发生厌氧性分解，产生不必要的发酵产物。厚薄均匀，腐烂快，有助于森林地表小环境的稳定。"

城市树木栽植环境改善实例

吉姆（Jim）对中国香港的城市树木进行研究后，提醒人们注意城市中的土壤问题：

不良的立地条件，可以采取一些措施加以改善，比如可以对城市土壤进行改良或替换。受建筑物影响的粗大树木，应认真进行评价，尽可能地在原场地予以保护，如确实无法保护，应进行移植。为保证有合理的种植空间，在植物与建筑物之间创建良好的路边休闲地带，应有相关的强制性法令法规。从长远来说，绿色体系规划的目标是，在高楼林立的城市，为植物创造出高质量的立地条件。*

---

* Reprinted from C. Y. Jim, 1998, Urban soil characteristics and limitations for landscape planting in Hong Kong, *Landscape and Urban Planning* 40:150. Reprinted with the permission of Cambridge University Press.

# 第 12 章

公众参与

12.1 问题的提出

对公园的使用就是一种参与行为,但公众参与不仅仅局限于对公园的使用。现在,对于公园营建和恢复,从融资、设计到公园清洁和照明设施的维护,都需要更多的公众参与其中。如何对公众参与进行有效的组织和设计,是公园设计和管理的一个重要方面。公众参与设计、发展友好团体、帮助公园进行更新改造以及进行环保教育,都是公众参与的重要内容。

12.2 背景

公众与设计师

公园的规划设计是一个复杂的过程,本手册仅涉及公园实体要素设计中的部分内容。一般来说,在设计新公园和对老公园进行更新设计时,都要进行需求评估,特别是当公园主要用作娱乐休闲时,更是如此。设计完成之后,接下来就是建造、维护、再规划以及最终对公园再进行重建。设计过程与各种后续工作紧密相连,但它又具有相对独立性。

在大都市和地区范围上,人们更注重大型公园的规划设计。但是,对于众多中小城市,在进行开放空间、公园和娱乐休闲场所规划时,小公园扮演着重要角色。小公园的建造,使人们能够有机会举办各种演出,进行体育活动,开展社会交往以及与邻近自然进行互动。大范围的规划设计,公众可以通过参加规划协调委员会、工作小组或者以正式的书面方式参与到规划设计当中。对于小公园来说,在实体细部设计阶段,设计师也常常采取类似的方法,让公众参与规划设计。

公众参与常会发生争议。在寻求资金支持和公众拥护方面,公众参与投资很难替代可靠性较高的基础设施投资。在公园清理和维护方面,公众参与也不太可靠。如果说太过于依赖公众参与,就会威胁到政府雇员的工作。在对公园进行更新改造规划时,许多人担心,对于某项活动,如果支持者经过了良好的组织安排,就会主导对公园的需求评价,从而掩盖其他人的声音。在设计方面,许多专家担心,公众投资会使设计平淡无奇。

关于上述问题,很少有人进行系统的研究。为了研究公众的广泛参与对公园设计质量的影响,克鲁(Crewe)查阅了大量的档案资料,并对 37 位设计师进行了采访。这些设计师参与了"波士顿西南走廊"公园的设计。该公园长 8km,沿着一条铁路线展开。柯雷伟发现,大多数设计师认为(占 73%),这个公园的设计质量较好,具有较高的商业

生态小公园设计手册

图1-61 参与公园设计的公众会有一种拥有感,更希望在公园的维护管理方面做些工作。

公众的高度参与是一件好事,保证了项目的正常实施。在这个走廊项目中,就召开了数以百计的会议和长时间的通信交流。柯雷伟报道称,项目完成十多年后,那些参与项目设计的居民仍然关注和参与公园的除草、清洁和安全巡护。一般来说,参与活动使公众有机会较长时间参与公园的设计和营造,在有些方面,就不可避免地出现设计师的价值观与公众价值观不一致的情况。在小公园设计中,这种不一致可以通过合理的组织安排来解决,设计师可以只给出公园的总体框架,而一些具体的细节可交由公众决定,如娱乐设施的类型和安放位置以及花坛的形状和位置等。

在设计观念上,公众和专业设计师之间还有一种更复杂的情况,即对于恢复性公园的设计理念问题。在伊利诺伊州,巴罗和布赖特(Barro & Bright)对563位居民调查后发现,大多数居民反对草地恢复技术,如"砍掉成熟树木,使用除草剂或者牺牲野生动物的生境"。他们还担心,恢复改造会减少娱乐场地面积。在"1.3 外观与其他感官要素"中曾经指出,在审美观点上,环境专家与一般公众也有明显的不同。

公众之间观点的不同

公众之间在设计观念上存在着很大的不同。参加过公园设计讨论会议的大多数设计师,都清楚地知道这一点。典型的、有争议的问题主要包括娱乐设施的选择和改造以及狗的位置等。更一般性的争议,则是谁应该参与公园的设计。

不同的活动需要不同的娱乐设施,有时有些活动和设施非常怪诞离奇。例如,喜欢慢跑运动的人想建造木板铺就的小路,骑自行车和坐轮椅的人,则喜欢水泥或沥青路面。儿童的年龄有大有小,能力有高有低,所需要的玩耍运动就更是多种多样。在小公园中,不同喜好和不同活动之间的冲突更是尖锐。

狗及其主人对于公园有其特殊要求。主人带狗到公园中可以减少对狗的厌烦,释放'被压抑的能量',参加社交活动和进行各种各样的锻炼。拥护带狗进公园的人强调,应通过适当的设计和管理,减少狗与其他公园使用者的冲突,如何合理布置狗活动区的数量和溜狗时间等。但是,并不是所有的人都同意在公园中为狗留出活动地盘。

此外,在公众参与过程当中,有些声音,如儿

价值。但是,在走廊低收入地段工作的设计师和私人从业者,以及一些位居高位的设计师,有不同的看法。设计师最喜好将投资用来建造运动场地和一些小型项目,如菜地、季节性花坛和公共艺术等。他们不喜欢把投资用来建造一些纯粹技术性的设施和为大范围城市服务的设施,如走廊的整体外观和交通设施等。然而,大多数设计师认为(占97%),

童心声，常被忽视。在城市开放空间和公园设计中，有关儿童的参与问题，福熙等人进行了大量的文献调研。他们认为，3岁的儿童已经有了"认知、协商和建造模型"的能力，虽然这种能力很有限。当然儿童的上述能力，因年龄、家庭收入状况、性别、家庭所在地以及其他因素而发生变化。

关于儿童参与，文献上已列出了一些参与技术，如让儿童创作，或拼贴图画并展开讨论，有引导的参观游览、拍摄照片、给植物挂标签、布置展览、对有关团体和个人进行采访和观察等。这些活动不仅有助于儿童的身心发育，也有助于建造适合儿童心理和愿望的娱乐设施。

维护责任

公众参与的另一个重要方面，就是如何在公园管理人员有限的情况下，发挥并维持好公园的生态和娱乐功能。在这里，公园维护当中一个最重要的构成要素，就是邻近的居民。公园邻近居民有规律地使用公园，常常希望对公园进行更新改造，改善居住区周围的环境，增强社区自豪感。

公园通常由公共部门或允许公众进入的私人所拥有，只有少数公园例外，如社区花园和朋友联合修建的公园。因此，一般不鼓励公众参与公园的维护管理。公众不可能完全领会公园的设计意图和管理要求，特别是在资金预算和人员方面上的限制。但是，在急需人手的时期，如能进行合理的组织安排，公园周围的公众就是很宝贵的志愿者资源。这些志愿者可以以社区为单位对公园进行更新管理。就这一点来说，小公园因其规模小，很适于由公众来参与维护和管理。比较好的实例，如社区公园、小路、植被的养护和恢复。这类工作规模小，而且时间有限。此外，还可以加进一些社会性的内容，如环境教育和社区活动等。在设计阶段，公众的参与，可以增强公园的活力，设计阶段的参与会激起他们对后来维护管理的兴趣。

谈到公众参与，还须考虑地方联合会（协会），对公众参与有无法律法规限制以及保险责任问题。

环境教育

在环境教育方面，小公园扮演着重要角色，其表现形式多种多样。在学校附近，小公园是儿童教育的活生生的实验室。对儿童来说，小公园中有许多潜在的学习机会，如被改造成地下管道的河流，为什么要回归其原来面貌，有些长期被忽视的林地为什么需要进行调查利用，以及去发现动植物新种等等。有些学习机会，随手可得，但有些则需要进行观察或参与其中。对公园设计师、规划师和经营者来说，可以充分利用小公园的这种环境教育功能，使小公园的社会效益和生态效应达到最大。

"大众科学"是当前很流行的环境教育项目。在这个项目中，生态系统的监测，如水质、鸟类活动和生境质量等，由志愿人员、成年公民或儿童来进行。在经费预算紧张，人员不足的情况下，这些人员的参与，能够保证对生态系统的变化做出详细的记载。志愿人员所采集的数据融合于生态数据库之中，对公园设计师、规划师和经营者来说，这些数据是非常宝贵的资料。例如，亚利桑那州立大学可持续性发展国际学院（先前的环境研究中心），发起

图1-62 营造社区公园是公共参与的重要途径，但从一开始，就必须分清维护责任。

的"生态探险家"项目,就是"大众科学"的典型实例。在这个项目中,亚利桑那都市区菲尼克斯市的生态系统监测,就有儿童的参与。

12.3 基本设计原则

(1) 在一些关键性决策上,公众的参与可以把公园建设得更好,同时公众又是提供资金支持的重要源泉。

(2) 考虑对公园进行改造,将公园中有关环境教育方面的内容,与当地学校的课程结合起来。

(3) 一些基本维护工作,如垃圾捡拾和树木栽植,可交由公园友好团体来做。同时,他们又可向有关方面游说,以获得公园维护资金。公园友好团体需要有意识地进行培育组织,这可通过社区支持计划和媒体支持计划来实现。为了激起公众的兴趣,示范性栽植是一个不错的主意。

(4) 考虑如何利用"大众科学计划",提高对小公园生态系统的监测能力,如何更好地应用这些数据把公园管理得更好,以及如何通过亲身参与提高中小学生的受教育水平。

(5) 发现并确认使用者与公园设施之间的冲突和矛盾,包括那些没有参加公园设计的人员的使用要求。在公众会议上,就不同的需求应准备多套选择方案。

12.4 精选资料

有效管理、对公园的使用和城市森林

在研究城市森林时,布拉德利认为,应该进一步加强对教育项目的研究:

"关于城市森林,我们把大部分时间都花在规划、印制小册子、制作幻灯片、制作影像材料和户外旅行上。但是,在制作这些东西时,往往并没有明确的目标,对学习形式和学习风格了解不深,并且很少注意实际效果。现在已是信息时代,要想成功有效地创造和传播城市森林知识,我们就得努力成为重要科学家、高效的信息传播者和富有想象力的听众。"

布拉德利强调,在城市森林和开放空间保护方面,要培植铁杆支持者:

"培植支持者或热心人,对城市森林的建造和养护非常重要。一种很有趣的现象就是,虽然有许多有关住房建设和健康护理方面的社会工作,但是以改善环境为目的植树造林、鱼类养殖和野生动物保护,仍然能够吸引许多各个不同阶层的人士参与其中。与'绿色'相关联的开放空间计划,就像它所创造的环境一样,能够推动社区活动高效持续地开展下去。"

不同人群对公园使用的差异

就大范围公众参与过程中,不同种族之间对公园使用的冲突问题,高波斯特查阅了有关文献,进行了大量的研究。他发现,种族之间对公园空间使用的冲突主要表现在三个方面:①少数民族之间或少数民族与多数民族之间;②冲突可以引起身体上的直接伤害,或感到恐惧和不舒服;③冲突导致使用率低,不同种族在使用时间和空间上的转换,以及在同一个公园内的不同种族团体的相互隔离。*

---

* Reprinted from P. H. Gobster. 1998. Urban parks as green walls or green magnets? Interracial relations in neighborhood boundary parks, *Landscape and Urban Planning* 41:48. © 1998, with permission from Elsevier.

小结：小公园设计的经验

我们学到了什么？

作为主要开放空间和近邻区域，在都市景观构成中，小公园占有重要地位。对许多人来说，小公园是通向绿色空间的重要通道，有时有可能是市中心区最重要的娱乐休闲空间。就如何提高小公园对人类以及对自然环境的价值，本书给出了一些指导性原则。这些原则的应用，不是一个简单的过程。但是对于公园使用者、设计师、经营管理人员和生态学家来说，将这些原则应用到设计过程当中，有助于提出多种可供选择的方案。

社会价值和生态价值

随着人们对自然环境的日益关心，小公园面积虽然小，为人类提供娱乐休闲活动的能力有限，但是作为整个生态网络的构成部分、在生态功能方面仍能发挥重要作用。在社会方面，许多小公园都有针对儿童的玩耍和运动设施。除儿童外，对于老年人、新移民等多种人口层次，小公园也可提供相应的休闲娱乐活动。特别是新移民，他们在进行休闲娱乐的同时，还能给我们带来不同的文化习俗。有些设计能够同时发挥生态功能和社会功能，但情况并非完全如此。在雨水园和小树林中，就无法设计足球场和野餐场所。

从广义的社会生态价值来说，社会和生态价值的体现也往往需要不同的设计方案。例如，有的小公园可能主要以进行各种主动性活动为主，对老年人和移民则不适合。有的小公园，可能非常重视水质净化，就无法选择那些对空气质量净化能力最强的植物。究竟哪一种价值优先，要看小公园所处的环境。例如，公园周围的娱乐休闲设施情况以及周围相关环境，如森林迹地、沙漠、沙巴拉群落、草原和稀树草原等的相对位置。

除了小公园周围的环境以外，在具体的设施和活动的设计上，也往往会有冲突不协调的现象，当空间特别紧张时，更是如此。自然湿地和蝴蝶园都可以安放野餐桌凳，但却不能设置橄榄球场。不加改造的自然环境往往并不能满足人们的需要。因此，仅仅反映当地生态特性的小公园，并不能很好发挥作用。例如为了遮荫和挡风，在小公园中更需要种植高大、开张、亮绿色的树木，而不种植抗旱性强、灰绿色的沙漠灌木和黄绿色的草本植物，即使小公园所处的大区环境为沙漠或草原，也是如此。设计方案的妥协是有限度的。但是，不管怎么样，设计方案要能反映出参与设计的人员，对小公园所在地进行了认真的考察评价。

小公园与可持续性社区

在城市的可持续性发展方面，小公园也具有重要的作用。它能够帮助净化空气，保护水质，维护良好的生境。小公园周围也可以有密集的居住区。这样，能源利用更有效，步行和骑自行车能够成为主要的交通方式。当然，小公园也可位于人口密度低的地方，就是在这种地方也可使拥挤的城市变得更人性化。

毫无疑问，在城市环境当中，大型开放空间，特别是具有完整生境特点的大面积的天然区域，非常重要。在拥挤的城市条件下设计的小公园，就含有某些大公园的特征。它可以帮助城市居民更好地了解自然进程，提供独特的设施和场地，便于人们举办各种聚会。聚会可以是非正式的，如老人多米诺骨牌小组；也可以是正式的，如有组织的演出或体育运动。小公园还有助于对建成区历史及其自然演变过程的了解。小公园本身可能就蕴含着丰富的文化内涵，延续着社区生命线。

在景观生态学、保护生物学和岛屿生物地理学当中，我们经常会遇到生境连通性等一些生态学的基本原则。这些原则可以应用于小公园设计之中，与当地的开放空间网络，如绿色通道和生态网络相连接，使小公园成为整个城市生物保护体系的一部分。

小公园在生物生境方面的作用，如生命周期中不同的生活阶段的作用、迁徙性鸟类中间停留地的作用等，目前还不是很清楚，还需要作进一步的科学研究。对于科学家来说，可以先按照一些生态学原则，提出一些好的建议，由设计师、规划师和经营管理人员去实施。建议既要考虑到为生物体建立良好的生境，又要考虑到人类自身的需求。多方面的有机合作，有助于更好地解决小公园设计当中所面临的各种复杂问题。

总之，无论是在社会方面，还是在生态方面，小公园都具有不可估量的重要作用。但是，小公园不可能取代一切，是否建设小公园，还需要慎重选择。

| Overview of Park Planning and Design Process | 第二篇 | Design Development Guidelines | Design Development Issues in Brief |

第二篇　小公园设计实例

下面给出的这些设计实例，目的是展示"设计基本原则"在小公园设计中的具体应用。设计场地代表了多种场地类型和场地条件，有以蓄洪池为中心的郊区公园，也有市区临时性公园。市区临时性公园位于一个大型拉丁社区，只存留数年。不同的场地有不同的设计，但都体现出一种设计观念，即设计方案取决于设计师所考虑问题的优先性。每一块设计场地，都从三个方面来设计，即生态设计、社会设计和融合生态和社会功能的折中设计。生态设计展示出，小公园可以发挥其最大生态潜能，改善水质，净化空气。社会设计采用了大量有关开放空间的研究成果，展示出如何才能设计出符合多种需求（不同年龄、不同种族和不同体格能力等）的小公园。折中设计展示出在小公园设计中经常会遇到的一些妥协方法。某些情况下，有些设计要素被忽略，而在有些情况下，如当生态和社会两方面都有相似需求时，则对这些要素进行重点介绍。

这里所介绍的设计实例，与用于教学的案例研究相类似。这些实例表明，对于同一场地，侧重点不同，会得出不同的设计方案。从实例中还可以看出，折中设计并不一定是最好的设计方案，但它却能够反映出某些设计要素能够在多大程度上进行折中处理。实例介绍的组织形式采用了相似的风格。首先是前言，对公园进行概括性描述，包括公园所在地及其周围环境，以及其他与公园相关的背景信息。然后列出与设计相关的核心问题，如生态功能与社会功能相互冲突问题。最后，对每一块场地，提出三种设计方案，即生态设计方案、社会设计方案和折中设计方案。设计要点用文字和图示来说明。

在这些设计实例中，采用了本书所介绍的一些设计基本原则。详见有关章节或"3. 设计基本原则"。

设计实例位于明尼苏达州明尼阿波利斯市圣保罗区，也就是本书作者的所在地。虽然设计场地位于中西部地区，但是这里所采用的一些设计过程和设计基本原则，对其他景观下类似公园的设计，也有很好的借鉴意义。

实例一

新郊区公园的洪水管理
——明尼苏达州伍德伯里市鹰谷公园

1.1 场地

鹰谷公园（Eagle Valley Park）位于正在迅速城市化的郊区，可以利用已有的拦洪蓄洪基础设施，创建适于鸟类生活的湿地生境。从生态方面考虑，该公园邻近一条拟议中的野生动物走廊。这条走廊与其他走廊一起，构成一个区域性走廊网络，与重要自然资源区相连接。通过生态走廊网络，可以发现哪里需要建立新的生境区，哪些生境需要进行恢复重建。鹰谷公园有助于生态网络的连通。公园的北面邻近一个高尔夫球场。场地清理前，种植有松林，树龄约15年。这些树木极少作为开发建设组成部分。

公园占地 2.1hm², 邻近一个新建居住区，该居住区有二联式住宅80栋，联排住宅101座，并按有机的格式排列，其间点缀着树木和花草。有一组住宅单元属于经济适用房。预计这些住宅主要有老人居住，虽然也可能有少量的儿童和十几岁的未成年人。

公园内有一个洪水拦蓄池，为这一地区的开发服务。

1.2 核心问题

生态方面

• 第一个关键问题，是公园能够为哪些动物提供生境和服务。

• 对植物来说，洪水拦蓄池比较难以处理，特别是在回弹区，即水位经常变动的区域。设计时需要考虑本土植物的重要程度。除本土植物以外，有没有其他外来植物更能适于水位的变化？可否通过设计，使拦蓄池的水位变动达到最小？

• 考虑到公园的面积及其周围土地利用情况，小公园能在多大程度上改善和提高该地区的生态效能？

社会方面

• 主要的球场和运动区域建立在小公园附近。小公园内只建一些小型娱乐设施，而且必须紧凑占地少，如排球场、小面积运动区域或半个篮球场。

• 如要充分发挥公园的生态潜能，就要防止人类对野生动物的干扰，但是还要使人们能够接近和观赏。

• 人们喜欢欣赏开阔的水面，水边有绿树遮荫，有绿茵茵的草坪和光洁的地面。预计鹰谷公园能够

图 2-1　场地空中俯视图。南端，突出显示出该场地及其周围环境。A. 现有湿地及一小块天然废弃地。B. 规划中的洪水拦蓄池。C. 新开发地段。街道两旁规划人行道，已开发地段则没有人行道。

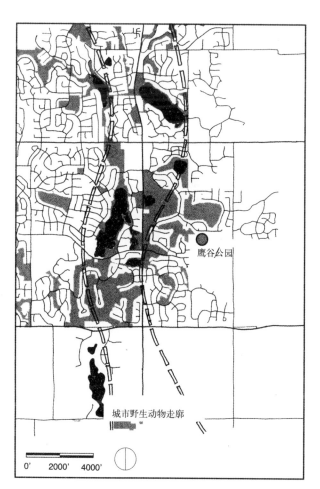

图 2-2　鹰谷公园位于一个近郊社区边缘，该社区正在迅速扩张。南面和东面是农业用地，将来也会被开发。公园附近有一个拟议中的区域性野生动物走廊。在有些地段，如密西西比河和圣·克罗伊河沿岸，野生动物走廊沿河流展开。此外，一些小型湖泊和公园，也通过这条走廊而连接起来。本例中，像鹰谷这样的小公园，在生境网络和社区绿色空间构建中具有特别重要的作用。

创造出这种景观。

1.3　生态规划设计

对于该公园，以"林中池塘"作为主要生态设计理念。该方案包括6个主要部分：有通道和草地的片林、木板人行道、池塘、应急沼泽湿地草地、野生动物封闭区和公园入口。

公园入口、林中小路、木板人行道和野生动物封闭区

设计的目的主要有两个：①创建与众不同的独特景观。②反映迅速城市化对当地森林和草地生境的影响，提高了人们的环境意识。

• 一个凉亭。凉亭上有信息牌，写明残留林地环境特点以及各种野生动物对这种环境条件的耐受性。

• 林中小路和木板小路掩映于树林和有林草地之中，游客置身其中，与近郊生活增加隔离感。

• 沿着林中小路和野生动物封闭区，可以欣赏到5种不同类型的生境。

• 从野生动物封闭区可以俯瞰池塘，便于游客直接观赏野生动物。

林地、幼林草地、池塘和应急沼泽湿地草地

在鹰谷公园，游客沉浸于5种不同的生境类型，

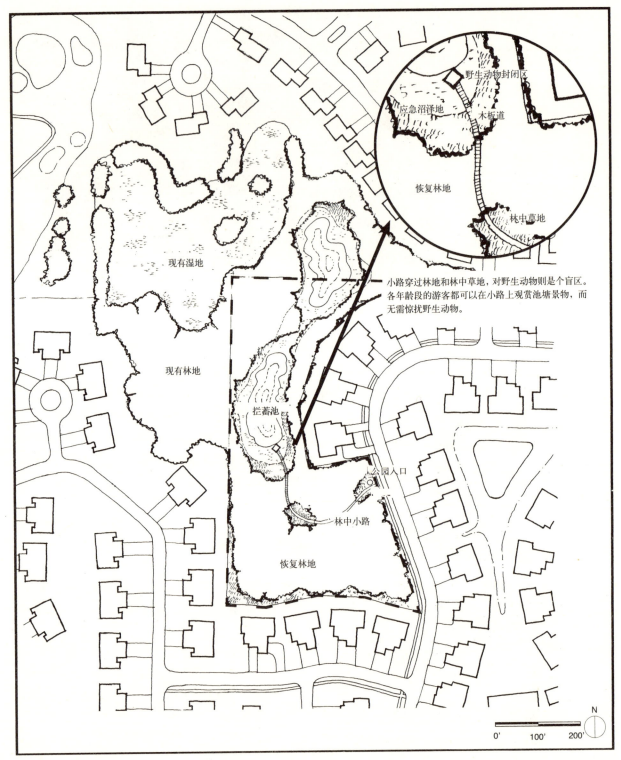

图2-3 生态规划设计：一条小路穿过恢复性林地和林中草地，在野生动物封闭区结束。小路的目的是减少林地的生境破碎，使游客通过缓冲带欣赏周围的景观，更好地体验自然。

经历城郊野性体验。一些特殊设计，使野生动物生境得到提高。

• 在工矿区域植树，提高现有林地的连通性。

• 创建大型生境斑块，减少边缘生境。
• 通过设置林地、池塘和应急沼泽湿地草地，提高场地的生境多样性。
• 将野生动物封闭区，设置于靠近池塘的林地边

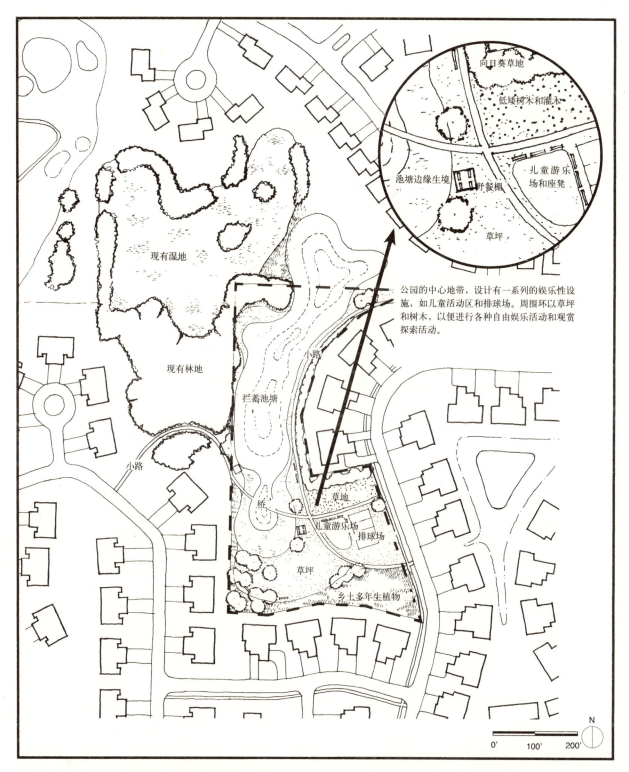

图2-4 社会规划设计：规划设置了多个地标性设施和多种活动项目。数条小路组成一个道路网络，再加上步行桥，使游客能够亲近池塘。

缘，为野生动物提供保护。
- 公园的进出通道只有一条，减少了林地的破碎。
- 游客只能接近一个池塘，减少了人类对公园的干扰。

1.4 社会规划设计

在鹰谷公园的社会规划中，增添了多种活动项

图2-5　洪水拦蓄池片断。在住房附近，有一条小路通向池塘。池塘的另一端，有一片成熟树林和一块湿地，池塘不深，池底起伏多变。所有这一切，都有力地提高了拦蓄池的生境潜能。

目和地标性设施，供人们欣赏和使用。娱乐休闲区和社交区，沿着一个大型池塘布置，两者相互融合。

社会活动

• 排球场和游乐区，为游客提供运动和休闲。

• 公园中有两条通道，引导游客参展游览。通道上设置多个停留休息站，或停留休息，或观赏野生动物。这两条通道与公园外围的道路系统相连通。

• 在交通流量大的地带和相对隔离的地带，都设有休息座凳，游客可自由选择休息地点。

• 草坪区可供游客进行各种非正式娱乐活动和短暂的坐卧停留。

洪水拦蓄池和植物

• 洪水拦蓄池是鹰谷公园的重要组成部分。拦蓄池外缘很浅，池边种有多种树木和灌木，可为野生动物提供生存环境，也可以激起人们对自然的向往。拦蓄池上建有一座小桥和一个野生动物观赏台，游客可借此体验自然之趣。

• 在公园的南侧和排球场的北面，种植乡土灌木和多年生植物，减少因需长期维护带来的麻烦，增强公园的边缘色彩。

• 住宅与池边小路之间的灌木，就像一个楔子插入二者之间，增强了私密性。

• 公园南面是具有庞大树冠的树木，提供遮阴，创造出一种目前已被广泛接受的稀树草原景观。

1.5　生态+社会规划设计

生态社会规划，对4个主要区域进行了进一步的融合。这4个区域是：洪水拦蓄池、草地、运动区和草坪区。

洪水拦蓄池

设计的核心是，对于这样一个小型、常规拦蓄池，如何尽可能地提高其生境潜能。

• 改变池塘的形状，使蓄水量与池塘边缘之比升高。设置多种港湾，增强池塘的生境价值。

• 池塘变浅，水深多变化，提高生境多样性。

• 虽然已设计了游客通向水面的通路，但是在池塘的建成区一侧，再设计一条通路，可以有效地保护池塘与现有片林和湿地之间的连通不受干扰。

草地、运动区和草坪区

设计的核心是，减少需要修剪的草坪的面积，增种当地乡土植物。

• 在草坪草区域和乡土草本植物和花卉组成的区域之间，种植数行高大树木，创造强势边缘。这样做，具有明显的社会功能。它向人们展示，这些乡土植物是有意识种植的，而不是杂草。高大的树冠为运动区和聚会区提供遮阴，运动区和聚会区都铺着草坪，桌凳散布其间。

• 公园的西南角是一片草地，由乡土草本植物和花卉组成。草地中设置半个篮球场，远离运动区和聚会区，打篮球的人暂时脱离运动区和聚会区的喧闹。有一条小路绕过池塘通向球场，对球场具有监督作用。球场周围有座凳，观众和球员可以坐下来观看比赛。从运动区到篮球场有一条小路，路两旁种植挂果树木。

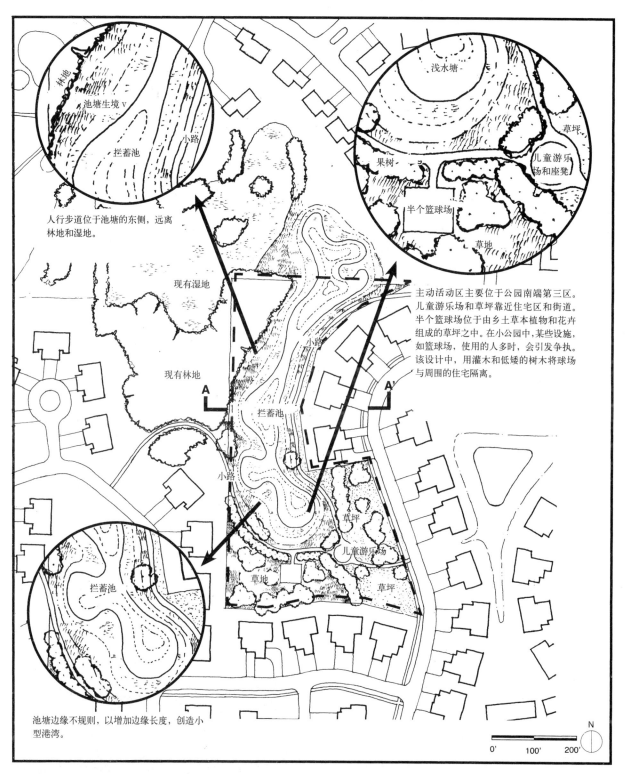

图 2-6 生态＋社会规划设计：规划中有一个洪水拦蓄池，以增强公园的生境价值。还有各种活动区，有树草坪和步行小路等。

实例二

为社区复兴而重新规划公园
——明尼苏达州圣保罗市卡斯蒂洛公园

2.1 场地

卡斯蒂洛公园（Parque Castillo）面积 0.5hm²，位于太阳区（District del Sol）。附近有一个大型拉丁社区，文化习俗多样。西侧有一个具有悠久历史的商业中心。靠近密西西比河，在陡峭的山坡上，有一片森林，构成一个线形走廊。穿过街道，有一个球场和一处大型娱乐休闲设施。

2004 年，太阳区获得都市委员会"活力社区"专项资助，用于改善该区的道路交通状况，包括房屋外延部分的治理，风格各异、引人注目的公共汽车候车亭的建造和自行车专用车道的设立等。项目的目的，主要是为了改善该区与周围邻近地区以及北面密西西比河的连通状况。

对卡斯蒂洛公园及其周围地区，曾经专门做过一个短期规划设计。以这个规划设计为基础，城市公园管理部门对卡斯蒂洛公园的建设，提出了一个系统的设计方案。该方案改变了公园边界，增加了一条街道。遇有大型公共活动时，可以将这条街道改作步行道。

2.2 核心问题

生态方面
- 公园内有两块小面积林地，可为小型动物、鸟类以及昆虫提供生境。
- 公园邻近密西西比河。密西西比河是鸟类迁徙的重要通道。

社会方面
- 关于对空间的使用，研究表明，拉丁美洲人喜欢利用开放空间，举办各种聚会活动，参加者往往

图 2-7 卡斯蒂洛公园（A）靠近一个社区运动场；（B）陡峭的坡地上覆盖着茂密的森林；（C）附近是一个商业区；还有 1 个诊所（D）。随着公园边界的改变，旧诊所拆除，新建一个诊所（E）和一个附属于诊所的停车场。

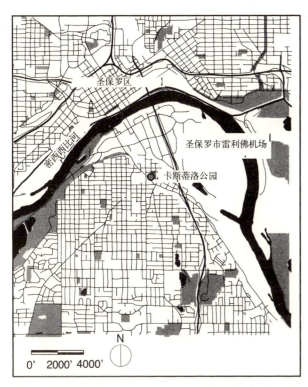

图2-8　卡斯蒂洛公园距离密西西比河约1.6km。沿河两岸有数个大型区域性公园，河流廊道是鸟类迁徙的主要通道。

图2-9　卡斯蒂洛公园一年到头得到很好的利用，已成为一年一度的五月五日节（Cinco de Mayo）庆祝活动的主场地，如上图所示。

涉及几代人。有的公园有较大面积的铺装地面，植物种植规整有序。这类公园可被用作广场和运动场所。卡斯蒂洛公园将设计一块用于聚会的场地。

- 公园靠近一个大型运动场，里面有多种运动设施和场地，公园内不必再设计运动场地和运动设施的。

2.3　生态规划设计

基本设计构思是创建一片由高大乔木组成的小树林和一个高草草地－蝴蝶园。整个设计由4部分组成，即广场、散步区、高草草地－蝴蝶园和小树林。

高草草地－蝴蝶园和小树林

设计目的主要有两个：①构建地区性植物群落，使邻近居民亲近自然。②增强居民的环境意识。设计内容包括以下方面：

- 在植物配置上，强化大自然的季节交替。
- 风格独特的高草草地，种植多种能够吸引蝴蝶的草本植物。将草地像花园一样管理，使其不至于杂乱和被忽视。
- 没有设计草坪，但允许有林下植被，如蕨类植物、低矮的林中杂草和花卉等，并可随意开辟林中小路。设置座凳，供游客在树下坐卧停留和休息。

广场和散步区

公园邻近市中心，具有浓重的文化色彩。公园空间所具有的大部分社会功能都予以保留。主要设计内容如下：

- 一个小型中心广场，设置座凳和喷泉，周围环以高草草地－蝴蝶园。地面采用孔洞式铺装，便于吸纳地表径流。
- 街道两旁的人行道加宽，布设座凳，同时由树林提供遮阴。

2.4 社会规划设计

卡斯蒂洛公园，在社会设计方面，采用了一些规则式的结构布局，色彩多样，有不同的活动空间，使游客能够进行休闲娱乐交流等多种活动，并且带有拉丁美洲和加勒比海岸地带公园和广场的特征。

社会性设施
- 树下设置野餐桌和多米诺骨牌桌，各种不同年龄的人都可以在这里进行各种社交活动。
- 一个玩乐区，专为儿童提供玩乐空间。
- 一个铺装广场和一个户外音乐台，可供大型聚会使用，并带有拉丁美洲风格。
- 篮球场和其他类似的小型运动场地，提供主动娱乐休闲空间。
- 地面铺装式样新颖，增强地面的吸引力，并带有拉丁文化特征。

植物
- 小树林提供遮阴，供放松休息。通往小树林有临时性小路。
- 大冠树木为广场、座凳区和人行道，提供遮阴。
- 花坛种植各种彩色的花卉和开花灌木，花坛边缘还可供坐卧休息之用。花坛外表色彩鲜亮，一年四季美观引人。
- 树木线性种植，勾勒出各种不同的空间。同时，还能提供遮阴。

2.5 生态+社会规划设计

整个设计主要从三个方面考虑：即建一个规则式的铺装广场，提高林木遮阴面积和设立一片天然式的小树林。

规则式的铺装广场
- 广场设计带有典型的拉丁美洲风格，如地面铺装图案、色彩亮丽的装饰、环绕广场的鲜亮的篱笆、限定广场边界的水泥花坛等。音乐台和喷泉位于广场的中心轴线上。
- 为了提高广场的生态价值，对几处设计作了修改，但仍不失为拉丁广场的风貌。地面采用孔洞性铺装，提高对地表径流的阻渗能力。花坛中的植物采用洁净型的乡土灌木和草本植物，不会大量开花结实，带来许多管理上的麻烦。

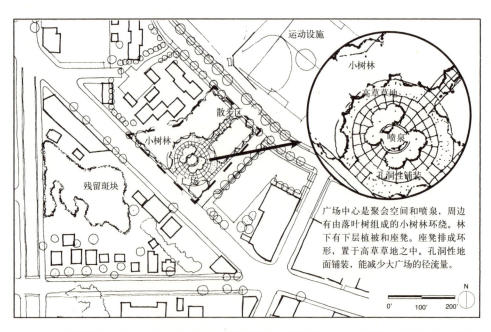

图2-10 生态规划设计：主要由三部分组成，即一个大型铺装广场、一块散步区、一片小树林和一个高草草地－蝴蝶园。附近山坡上有生境斑块。小树林主要由落叶树种组成，都是明尼阿波利斯市圣保罗区常见的树种。

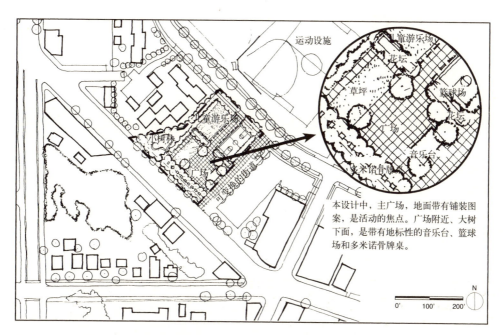

图2-11 社会规划设计：方案中有一个大型铺装广场，一个篮球场。篮球场紧邻一条新建街道。举办大型活动时，广场、篮球场、街道都可同时使用，如布置餐桌、舞台等。

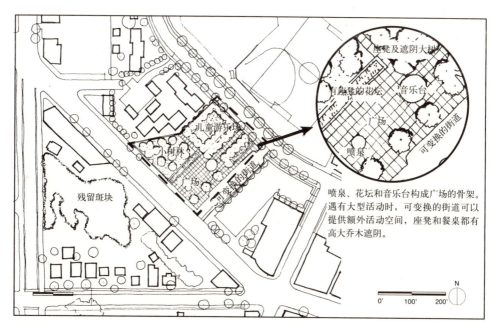

图2-12 生态+社会规划设计：整个设计由一片小树林、一个大型广场和一个运动区组成。广场地面为孔洞性铺装，由大乔木遮阴。

• 一条可变换的街道，使一些大型活动可以延伸到街道上举行，进而扩大了广场的面积。

树木布置

• 高大乔木沿广场边缘呈线形布置，定义限定广场空间，强化公园的规则式特征。

• 小树林中的树木团块状种植，便于形成遮阴空间。树下安放休息座凳和游戏桌椅。

• 草坪和运动设施周围也种植大冠乔木。

小树林

• 小树林中有步行小路、篱笆和花坛，垂直方向上形成多层植被，即不需要修剪的乡土草本植物、灌木和高大乔木三个层次。

• 这一片"天然"区域靠近运动区。

实例三

郊区公园改造
——明尼苏达州伯奇伍德维利奇市泰格-施米茨公园

3.1 场地

泰格-施米茨公园原先是一片湿地,从20世纪50年代开始断断续续地填埋。现在公园内仍有较大面积的低洼湿地。

该公园面积1.1hm²,隔一条街道和一排房屋与白熊湖相邻,有几个地方能够直接连通白熊湖。湖边住房原先主要是供度假所用,现在大部分一年到头常有人居住。公园内有多种活动设施,如网球场、足球场、排球场、溜冰场和运动器材等。几乎再也没有可供利用的剩余空间,而且许多设施相互重叠,如棒球场与足球场重叠等。

泰格-施米茨公园是伯奇伍德维利奇市最大的公园,其中的许多设施都是全市独一无二的。关于该公园的未来,经过一番争论之后,开放空间和公园委员会决定进行一次调查,有50%的住户回答了问卷。调查显示,人们都希望公园中能有更多的娱乐休闲空间。当被问及,如将公园的一部分改为湿地或维持公园现状不变,更喜欢哪一种方案时,大多数住户赞成公园维持现状。在公园内建设一个雨水园,储存和阻渗地表径流,也有不少人持赞成态度。

公园管理委员会邀请"都市设计中心"对公园未来的发展进行设计,提出了多套设计方案,供公众辩论选择。

3.2 核心问题

生态方面

- 公园中有大面积的湿地,但当地社区居民观念认为,将公园的一部分改为湿地或其他类型的天然区域,会减少公园的面积。
- 公园虽然靠近白熊湖,但连接白熊湖的地段上都种植着需要修剪的草坪。

社会方面

运动场和溜冰场有大面积的草坪,是必要的,甚至还要再增加一些,或者在运动场周围设立一块无障碍活动区。公园虽小,但要能够提供多种娱乐休闲功能和体育活动。那么,草坪和无障碍区在公园中就起主导作用。也就是说,公园的主要功能是供人们进行各种体育活动和为儿童提供玩耍场所,而不是其他用途,如聚会等。

图 2-13 空中俯瞰图。高亮度显示泰格－施米茨公园(A)，靠近白熊湖(B)，和霍尔斯沼泽地(C)。公园内树木稀少，有大面积的开阔的草坪，周围是居住区，树木稠密，两者形成鲜明对照。

将一些地区改造成林地和湿地草地，约占公园总面积的2/3。此外，公园有两条通路与白熊湖相连。建造林地和湿地草地，有助于各种不同生境的连通，为多种野生动物提供多种生境。主要设计特征如下：

- 在现有空地上植树，使相互隔离的林地斑块增强连通性。连接白熊湖的两条通路，也采用类似的方式处理，即增加乔木的数量，并考虑连通性。选择的树种应能耐潮湿的立地条件。
- 提高生境的多样性，增加不同生境的面积，如林地生境和湿地草地面积。
- 地势高的地方，压缩或减少某些娱乐休闲设施，降低游客量，减少噪声。
- 公园的进出通道只有一条，减少林地破碎和人为干扰。
- 设置一座凉亭，凉亭上附加如下信息：残留林

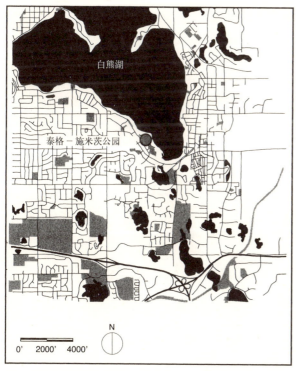

图 2-14 泰格－施米茨公园位于明尼苏达州白熊湖岸边。沿湖地区都已以高度开发，没有大面积的天然区域。

图 2-15 公园中的许多娱乐休闲设施得到很好的使用，但是园中有不少地方因雨后太湿不能使用。公园的两边是生长繁茂的大树。

3.3 生态规划设计

基本设计理念是林地思想。整个设计由8个部分组成，分别为林地、湿地草地、林中小路、雨水园、溜冰场、运动区和附属设施。

林地、湿地草地、林中小路和雨水园

该公园地处湿地，目前排水仍是问题。为此，

图 2-16 娱乐休闲场地及其附属设施，如暖房、停车场、活动厕所等，占据了大量空间。除少量草坪和大树以外，公园内几乎没有其他绿色空间。

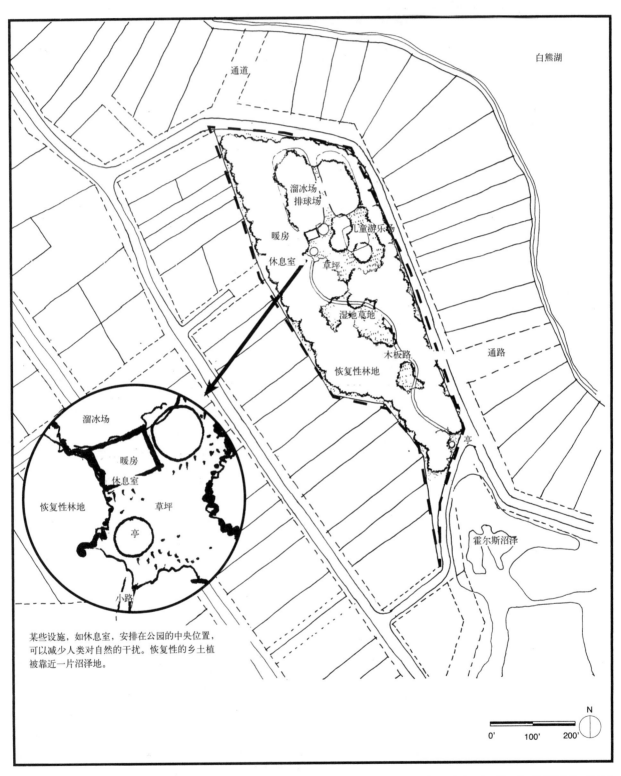

图 2-17 生态规划设计:将某些运动场地改为湿地草地和林地。有些人流量大的活动,如溜冰场和运动区,集中于公园的一端。干燥的地段,设置木板铺就的小路,潮湿地段,设置木板路,游客既能欣赏自然,又能参与各种休闲娱乐活动。

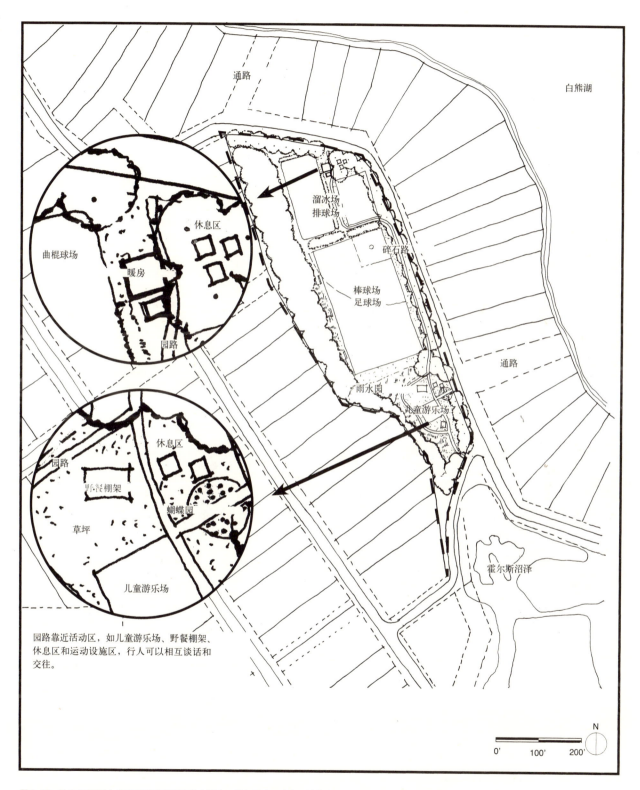

图2-18 社会规划设计:保留了原有的所有健身设备,增加了碎石路和一块休息区,便于不同年龄的人从事多种不同的活动。

生态小公园设计手册

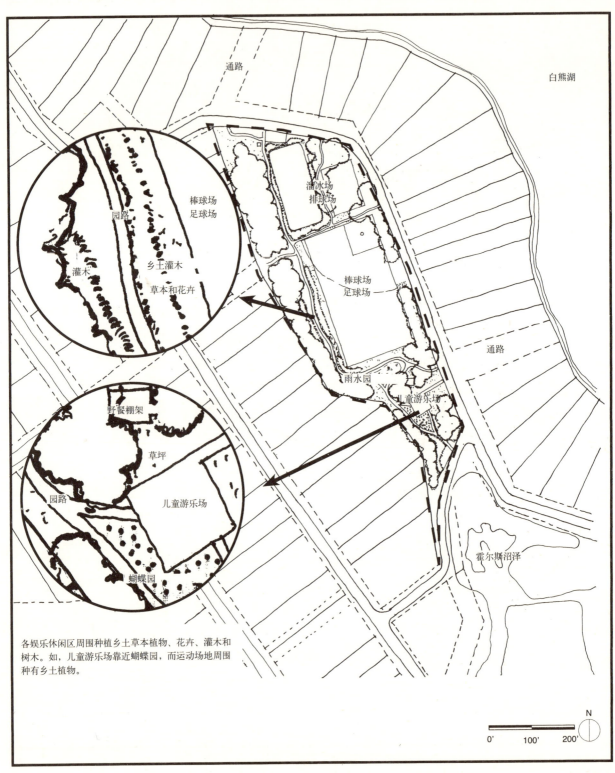

图 2-19 生态＋社会规划设计：保留所有现有运动设施，但在这些运动设施和场地之间，增加草本植物和花卉，就好像是从运动场地上"切出"一块自然景观。

地环境特点，以及野生动物和植物对这种环境条件的忍受程度。

• 雨水园仍保留在原有位置，以便与周围其他生境相匹配。

溜冰场、运动区和附属设施

泰格－施米茨公园是伯奇伍德维利奇市惟一的一座公园。许多主动性娱乐休闲设施都是该市惟一的，如溜冰场、运动区和附属设施等，在设计中予以保留，但使运动区向现有娱乐休闲设施区靠得更近一点。附近有道路通往现有娱乐休闲设施区，而且周围的林地还可有效降低噪音。

3.4 社会规划设计

保留大多数现有娱乐休闲活动，增强公园的社会交往能力。增加植被，创造更多的空间，为游客提供多种感觉体验。

社交方面的改进

• 园中小路绕行或穿过各种公园空间，游客可以沿小路行走或停留。园路通过各种活动场地，如运动区，游客就有机会相遇进行交往。

• 休憩和野餐区，能容纳不同年龄、不同规模的人群，从事多种活动。此外，公园中增加了独处区，但并不孤立，而主要安排在公园的后侧。

植物

• 彩色植物干净整洁，创造出美观动人的空间。各种开花植物和灌木为那些娱乐休闲设施创造背景空间。

• 运动场区之间的湿地，种植生长缓慢耐湿灌木、多年生植物和芦苇。各娱乐休闲空间之间，有泥炭路和汀步石相连接，游客可深入植物群落之中。

• 蝴蝶园靠近游乐区，能感受自然及其四季变化。

• 公园东边的行道树，具有围封和造景功能，同时又能保持周围视线。

3.5 生态+社会规划设计

设计保留了公园中所有现有运动场地和设施，但增加了自然区域的数量，强化了各个活动区之间小空间的自然特征。如在娱乐休闲区的球场和游乐区，砍出了一块自然区域。乡土草本植物和花卉一直延伸到游乐区。在园路设置上，尽量减少游客对植物的践踏和破坏。

强化自然

• 娱乐休闲设施之间增设了雨水园和天然植被区。

• 所有小空间、边角空间以及沿公园边界地段，都插种上乡土植物、灌木和遮阴大树。

• 靠近游乐区的蝴蝶园，给孩子们提供了受教育的机会。

社会方面的改善

• 设计中保留了棒球场和足球场，因为它们是该地区惟一的此类设施。

• 增加座凳数量，提供更多的交往机会。

• 木板园路通达全园，游客可沿着这种有大树遮阴的木板小路散步。

实例四

新建城镇广场
——明尼苏达州查斯卡市高地中心广场

4.1 场地

查斯卡市中心广场位于明尼苏达州查斯卡市规划中的新城区，面积 $0.6hm^2$，为一规则式广场。新城区的概念性设计最早由一家外来公司（卡尔索伯，Calthorpe）提供。在概念性设计中，有大面积的开放空间体系，大多数规划区域都有水路、陡坡和一系列的池塘。在总体规划中，留出了中心广场的位置，但并没有进行详细设计。中心广场周围是密集的住房、零售商店和民用设施。中心广场景观要素采用规则式布局，与周围环境形成鲜明对比。

作为一个理论性的设计项目，就新城区的规划设计，设计中心与查斯卡市规划官员进行了协商讨论。

4.2 核心问题

生态方面

一般公园中都有大面积的装饰性草坪，而在该广场中，除草坪外，要增加一些其他能充分利用空间、比较容易管理的植物。在这方面，该广场具有示范作用。

社会方面

典型的城市广场一般都有规则式的草坪和行道树，有的还有一些建筑结构性要素，如音乐台和喷泉等。更复杂一点的设计，还要考虑到人流量和各种活动的安排，适用于不同年龄阶段、不同大小的人群。

4.3 生态规划设计

基本设计理念是，将公园设计成为一个城边稀树草地，并开挖地下槽沟，设置隐秘性喷泉。

高草草地和边缘橡树稀树草地

高草草地和边缘橡树稀树草地边界曲折迂回，与周围直线性的街道格局形成鲜明的对比反差。广场面积小，与其他开放空间缺乏有机的连接，用植物来象征性地与周围生态区建立联系。同时，通过该广场的建立，使人们能够增进对城市生态系统的了解。主要设计特征如下：

• 除靠近边缘处有一条小路穿过以外，高草草地一直延伸，形成一个连续斑块，草地外围是橡树稀树草地。

图 2-20 查斯卡高地位于明尼苏达州明尼阿波利斯市西南约 40km，计划开发面积 400hm²。该地段地形起伏，有农田、林地和天然水域。卡尔索伯公司就是在此基础上提出了该地段的概念性设计。该俯瞰图示开发地段的大体位置。

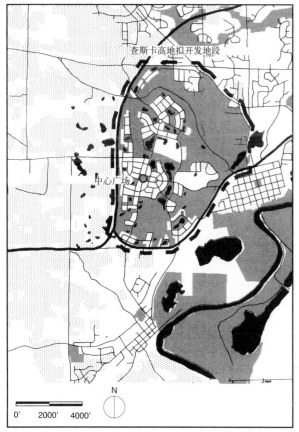

图 2-21 查斯卡高地开发区，按新城市主义原则进行设计。设计中有两个相邻的广场，中心广场是其中之一。主要开发设计特点是，建立一个开放空间网络。网络包括现有林地和对洪水进行管理的绿色区域。

- 边缘的橡树稀树草地，在周围街道和高草草地之间起缓冲作用。
- 一条园路沿着广场周边展开，而不是将广场切成两块，减少高草草地的破碎。通过这条园路，游客可亲身体验到广场的全景。

雨水园、映照池和隐秘性喷泉

在这部分设计中，采用象征性手法，创造出多种生境。这些生境类型，在草地和橡树稀树景观中很少见，而且更具私密性，更适于沉思默想。主要设计特点如下：

- 雨水园，伴有开花、多年生湿地草本植物。雨水园阳光充足，开阔明亮。
- 一个小池塘，阳光和流云可映射在静止的水面上。
- 一个地下洞室，上面安装隐秘性喷泉，周围用植物构建篱笆。这是广场中最凉爽、遮阴最好的地方。

4.4 社会规划设计

创造多种空间，供人们举行各种不同的聚会活

图 2-22 上图为查斯卡镇中心地段的传统城镇广场
下图为查斯卡高地开发计划的场地，既包括农业用地，也包括自然保护区。

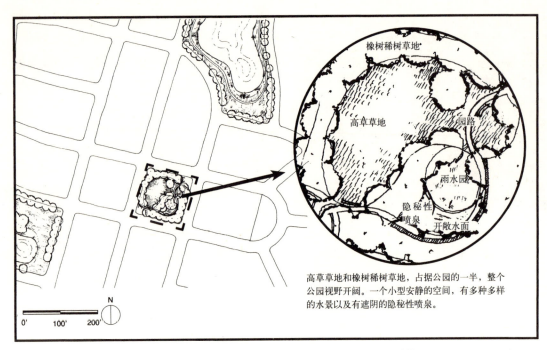

图 2-23　生态规划设计：包括高草地和橡树稀树草地的种植设计，象征性地与周围生态区建立连接。

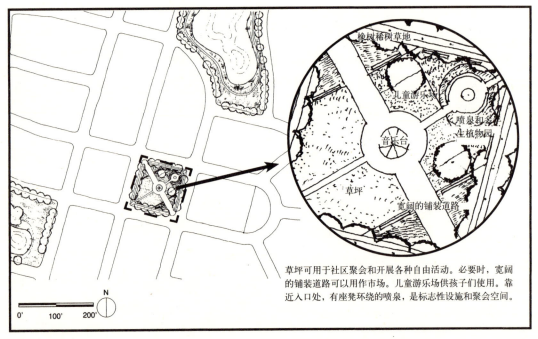

图 2-24　社会规划设计：尽可能多地为游客提供多种娱乐休闲场所和设施，如供个人休息的座凳、宽广、铺装的园路以及适于举办大型活动的草坪等。

动。种植设计简单，有利于创造更多聚会空间，降低长期维护管理成本，同时又能给人一种美的体验。

社会设计方面的改进

- 在各种活动场所和设施附近以及一些较安静的地方，设置座凳，供停留休息之用。
- 儿童游乐区靠近广场中心，远离交通要道。
- 一块面积较大的草坪区，可以开展多种休闲娱乐活动。
- 沿着公园的一条主线，设计一条宽阔的道路，可以用作社区的构建，如设立市场和自由集市等。

• 音乐台可作为各种会议和活动的标志性设施。

• 喷泉及其周围的广场，是游客坐卧停留和进行社交的良好场所。

植物配置

• 路口和坐卧休息区设置花坛。花坛内种植多年生植物，将"城市特征"引入公园，并且赋予四季的季节变化。同时，还能降低管理成本。

• 公园内和公园边缘种植大冠树木，为行人和坐卧休息者提供遮阴。

4.5 生态+社会规划设计

基本出发点是，对传统的城镇广场进行重新考虑，重新规划设计。广场的一部分保持不动，供开展各种公共活动。广场边缘和道路两侧种植高大乔木，提供遮阴。草坪上也零星种植大乔木以遮阴。有一片草坪，易于引起思乡之情，而且属于城镇广场经典草坪，用一个由多年生植物组成的花园来替代。

种植设计

• 多年生植物园主要由乡土花卉和草本植物组成，成规则式种植，与广场的规则式格局相谐调。植物选择上，以开花植物为主，类似蝴蝶园，能够吸引大批授粉昆虫。时间上富于季节变化，不需要经常修剪，能够降低维护成本。

• 公园周围的雨水园，采用不规则式种植设计，能同时发挥生态效益和社会效益。

社会连通性

不论是公园内，还是公园外，视野开阔，视线清楚，社会连通性好，安全性高。

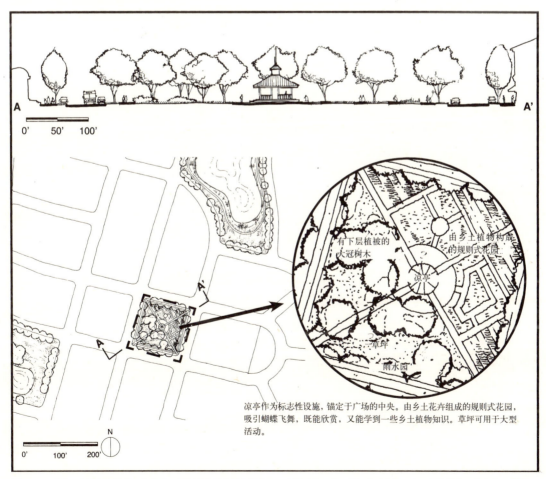

凉亭作为标志性设施，锚定于广场的中央。由乡土花卉组成的规则式花园，吸引蝴蝶飞舞，既能欣赏，又能学到一些乡土植物知识。草坪可用于大型活动。

图2-25 生态+社会规划设计：有座凳、规则式布局的野生花卉园，占据了公园的一半。公园的另一半，是散植大冠树木的经典草坪，但树冠下伴有低矮的树木和灌木，以提高生境潜能，减少径流。

实例五

市中心空闲地块的改造利用
——明尼苏达州明尼阿波利斯市安德鲁－里弗赛德临时性公园

5.1 场地

由于结构上的问题,历史性建筑安德鲁－里弗赛德长老会教堂被拆除了。虽然计划将来重建,但是教会需要为这0.2hm² 土地找一个临时性的用途,期限为2-5年,并且能创造良好的环境,看起来不睹眼。

这是一块很典型的位于城市中心的空闲场地,将来还要开发利用,但是暂时还空闲。

安德鲁－里弗赛德教会邀请都市设计中心,对这块场地进行了概念性设计。主要要求如下:

- 反映教会对于国际教徒的兴趣。
- 为年轻人提供活动空间,要包括一个文化交流内容,即来自美洲的、危地马拉和巴勒斯坦的年轻人,能够在这里展示他们的壁画。
- 为附近居民创建一块娱乐活动空间。
- 维护成本低。

该公园已于2004年建成。为提高场地的生态价值,创建成本低廉的临时性公园样板,都市设计中心提供了多套设计方案。公园建造所需的材料由一家流域管理组织提供,强调使用本土植物和志愿劳动力。州园艺协会为该公园的建造给予了资助。

5.2 核心问题

生态方面

- 公园距离密西西比河仅几个街区,但中间被一片工业区隔断。场地土壤为沙土,如径流缓慢或能被有效地阻挡,水很容易下渗。雨水园可以帮助渗滤洪水,同时为昆虫创造生境。
- 场地附近有几株成龄大树,有几株行道树因荷兰榆病,需要砍伐。栽植大树会给将来建设带来麻烦。另外,还要考虑不同高度植物的相互搭配问题。

社会方面

- 公园应能够供教会、会众和邻近居民使用,举办各种活动和服务,同时维护费用低廉。邻近的内城区为大量低收入租房居住的人,儿童相对较少。
- 在公园中创建能供白天使用的空间。

5.3 生态规划设计

基本设计思想是边缘营造小树林,里面建设几个小花园。这一思想是受北边界成行树木的启发而得。整个设计主要由以下几个部分组成:盐肤木边缘、蝴蝶园、雨水园、篝火区、拱廊和草坪区。

图2-26 安德鲁-里弗赛德长老会教堂于2003年末被拆除。新教堂建造之前，这块场地将被改造成一个临时性公园（A）。一方面要改善场地的生态条件，另一方面又要为会众和附近居民创造舒适的环境。对于城市临时空间的改造利用，这是一个很好的范例。

• 蝴蝶园靠近公园的一角，邻近一个繁忙的入口。里面种植食用草莓。植物色彩随季节而变化，使孩子们能够意识到大自然的循环交替。

• 雨水园用于收集地表径流，里面栽种多年生植物，一年到头景色诱人。

篝火区、拱廊和草坪区

主要供教会会众和邻近居民社交交往所用。大面积的草坪为人们提供聚会交流的空间，围绕草坪布设的拱廊供坐卧休息并遮阴。篝火区紧靠草坪区，非常方便。

5.4 社会规划设计

基本设计指导思想：要有足够的空间供举办各种较大型活动所需；可以进行各种非正式的休闲娱

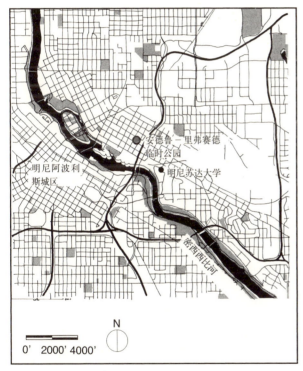

图2-27 安德鲁-里弗赛德临时公园位于明尼阿波利斯市，靠近明尼苏达大学和密西西比河。这里原来主要是当地居民和学生的居住区。

盐肤木边缘、蝴蝶园和雨水园

因该公园是临时性的，所采用的植物与林缘过渡带植物相一致。主要设计特点如下：

• 盐肤木边缘构成拱廊和草坪区的背景景观，使草坪区产生一种围封感。同时，它又是公园与邻近居住区，以及公园和邻近街道之间的很有吸引力的缓冲带。

图2-28 园中建了4个雨水园。图中是最大的一个，位于公园的东南角。

图2-29 木板路（Wood-Chip path）引导游客穿越花园和土丘。

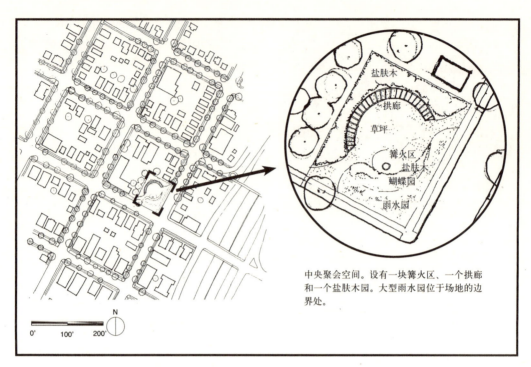

图2-30 生态规划设计：设计灵感来自于位于边缘的森林植被结构。整个设计主要由6部分组成，即盐肤木边缘、蝴蝶园、雨水园、篝火区、拱廊和草坪区。

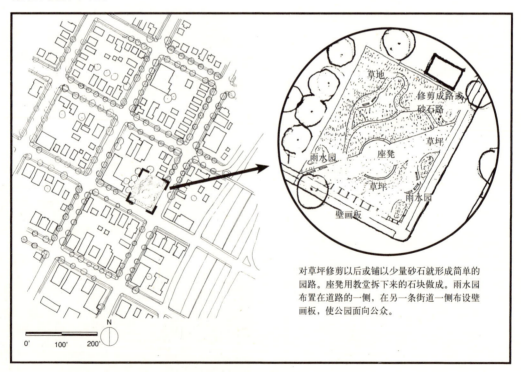

图2-31 社会规划设计：整个公园主要由两大区域组成，一是有花卉的草地；二是草坪。

乐活动；布设彩色花园，创造色彩美。易于建造，维护成本低。

社会方面的改进

• 一个聚会场地，直径12m，周边用教堂拆下来的石块砌筑。这个聚会场地成为各种聚会和社会活动的中心。

• 一块修剪草坪，面积约占整个公园的1/3。游客可在这里进行各种非正规的娱乐休闲活动或坐卧休息。

- 一条小路,由草坪修剪后形成或铺以少量砂石构成。小路穿过种有各种花卉的草地。草地几乎占了全园的一半,而且有四季变化。
- 座凳和休息区遍布全园,游客可以获得各种不同的空间体验。
- 公园南侧,设置壁画板,张贴壁画。壁画由参加青年交流项目的青年人提供。

植物

- 一片大面积的草地,既有乡土植物,也有外来植物,能开花结实,色彩有四季变化,能吸引大量蝴蝶和鸟类光顾。这些草本植物生长迅速,花朵鲜艳,管理容易,在中心城区尤其难得。
- 雨水园用于汇集地表径流,里面种植耐水淹植物。

5.5 生态+社会规划设计

一个小土山将整个场地分为两大部分,其中一侧种植向日葵,形成绿篱;一个中央聚会空间,围绕篝火区,呈圆形;数个经过雕塑的、低矮的土山,其上种植乡土草本植物和花卉;数个展示性结构和一个较大的雨水园。教堂拆下来的石块,用来建造路沿、小平台和矮墙。本设计于2004年付诸实施。

土山

该设计利用拆迁土,定义和创造空间,形成具有雕塑特性的景观。该园的存留时间不长,慢生树木和灌木不适宜用来创造和定义空间。

植物

- 采用价格低廉的一年生植物,如向日葵,既可以提供遮护,引人入胜,又可以为野生动物提供食物。
- 雨水园放在未来建筑的背面,用以汇集地表径流。园内有规则地种植各种水生植物,整洁而大方。
- 就近设置引导性标牌,说明设计思想。
- 草本植物和花卉强化季节的变化。

游客

在该园中,游客可以从事各种不同的活动。在中央空间,可以举办大型的聚会;在公园的其他地方,都设置有座凳或可以坐卧休息的石块,能够容纳各种小团体或个人开展各种活动。

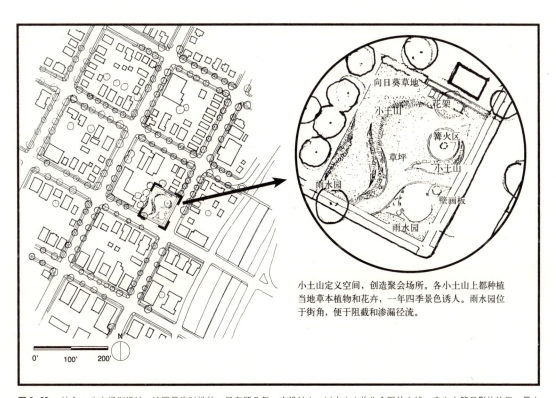

小土山定义空间,创造聚会场所。各小土山上都种植当地草本植物和花卉,一年四季景色诱人。雨水园位于街角,便于阻截和渗漏径流。

图2-32 社会+生态规划设计:该园是临时性的,只存留几年。在设计上,以小土山作为全园的主线,产生立竿见影的效果。最大的土山上种植草坪,聚会是可以坐卧停留。还有一个篝火区和两个雨水园。

| Overview of Park Planning and Design Process | Design Examples | 第三篇 | Design Development Issues in Brief |

第三篇 设计开发准则

| 1 Size, Shape, and Number | 2 Connections and Edges | 3 Appearance and Other Sensory Issues | 4 Naturalness | 5 Water | 6 Plants | 7 Wildlife | 8 Climate and Air | 9 Activities and Groups | 10 Safety | 11 Management | 12 Public Involvement |

1 大小、形状和数量

1.1 尽量达到小公园正常发挥生态功能所需要的最小宽度和最小面积。达到了这个最小尺度，小公园的生态价值就大为提高。小公园的最小尺度受多种因素的影响，因具体的设计对象而变化，如水质情况、空气质量和生境类型等。最小宽度似乎更依赖于特定地段的物理环境，如沙漠与温带森林、坡度的陡缓与土壤侵蚀等。有关野生动物保护、水质和空气质量保护所需要的廊道宽度，在前述实例中有介绍。

下面是见诸于文献报导的生境斑块的最小面积和最小宽度。最近一段时期，类似的研究报道很少见（雷德克几乎引用了所有相关文献，1995 年）。但是，必须注意：生境斑块的最小面积和最小宽度，取决于野生动物种类及其生活史。

- 两栖类和爬行类 $0.57 hm^2$。
- 小型哺乳动物 $0.65 hm^2$。
- 陆生脊椎动物 $5.05 hm^2$，斑块直径不低于 200m。
- 鸟类生境斑块最小直径 200m。鸟类"更喜欢林内生境。在小面积森林斑块中，几乎完全是边缘生境，鸟类不能成功筑巢"。

1.2 设计尺度具有灵活性，尽可能多的容纳多种活动。有些常用设施具有一定的尺度要求，如球场、运动场、野餐区等，但是可以进行适度的调整，当然不是无限度的调整。这一点对小公园特别重要。在一个小公园中，可能只有足够建一个棒球场的空间，但是还希望能再建排球场、溜冰场、社区花园和游乐区。正如在泰格－施米茨公园设计实例中所介绍的，在同一块场地上，各种活动可以有重叠，这就需要精心设计。

1.3 利用历史地图、文献记载以及口述历史材料，研究城市化格局和景观破碎的发展演变，有助于更好地理解在特定地域下的小公园的起源。通过对上述资料的研究，可以发现现有公园与周围自然生境隔离时间的长短，有哪些生态特征可以被恢复，如被淹没的湿地或被埋入地下的溪流，如何将小公园与周围更大的开放空间体系相连接等。在美国，正投影图片（航拍照片）很有用。在土地利用和地表覆盖方面，能提供相当有价值的信息。各大学图书馆也常有航拍照片档案，可以追溯到 20 世纪中叶或更早的历史时期。有了这些资料，就对小公园所在地的情况有了基本的了解。

1.4 对于新社区的建立，在规划阶段，要尽可能地将开放空间中的斑块合并起来，构成较大型的生境斑块，保护核心生境，防止产生过多边缘生境。注意公园与周围其他自然区域的联系。

许多生态学家强调,斑块越大,含有的物种越多。不过,正如本书所指出的,小公园也有其重要价值,如在密集型开发中建立小公园,可以使大面积的开放空间免遭开发。

1.5 为建设公共公园体系而获取土地时,要考虑开放空间(土地)的形状,估测内生生境数量以及它与周围环境的相互作用方式。内生生境与边缘生境的关系,可以通过计算公园周长与公园面积之比而获得。某些形状,如圆形和正方形,与线形相比,含有的内生生境多。有关斑块、边缘和廊道特征值的计算,详见特纳(Turner)等人的文章。

1.6 珍稀濒危物种、面积敏感性物种和无性系物种调查,有助于小公园的管理。要了解各种物种的生活史,特别是对斑块面积、形状和边缘效应敏感的物种。这些资料可以从当地的有关研究报告、专家学者和野外调查中获得。尽管一个小公园不会对一个物种的生存引起巨大的改变,但是,这些资料对于小公园的设计很有用。同时,还可将这些资料用作教育性材料,向公众展示城市化对区域生物多样性和景观破碎的影响,以及区域开放空间规划的重要性。

1.7 由于地块的形状与地表水流向、土地养分的保持、野生动物的活动息息相关,所以应予特别考虑。比如生态斑块与湿地边缘——这类自然线形地块呈现出环境的梯次变化,其在单位面积之内则更具生态多样性。

2 连接与边缘

2.1 精心安排公园的出口和入口以及视觉的出路,增强公园与周围环境的连通性。公园内景观如不明显可见,应有视觉暗示或视觉标志。一旦进入公园,应能够看到公园外环境,与公园外环境建立联系。有时为了形成视觉框架,需要设立缓冲带,如停放的小汽车,增强深远的感觉。

2.2 志趣相同的人,通过空间共享,增强社会连通性。例如:

• 在儿童游乐场和池塘边放置座凳,为游客提供密切交流机会。

• 园路通过坐卧休息区,行人可以自由决定是否停留休息。

• 应将座凳设置在交通繁忙区,比如公园路口,以增进人们交往。

• 创建地标性要素,易于向别人描述。这种有地标性要素的地方还有可能成为聚会场所。

2.3 把小公园看作是生境网络或周围环境的一个斑块。周围的公园体系、有行道树的街道、蜿蜒曲折的小径、河流、山谷、小溪以及互相连通的院落,联合在一起,构成一个生境网络或周围环境。小公园本身的生境价值是有限的,但是通过小公园可以与周围的绿色区域建立连接,形成一个大型绿色体系。为了使小公园的这种生态价值最大化,就有必要强化其周围的绿色区域。公园周围如有绿色区域,公园内的植被就应尽量与其靠近,增强整体绿色感。此外,还要考虑生态过程的恢复问题,如让河流曝光或在空闲处种植植物。

2.4 在小公园内设计和规划野生动物廊道时,首先要确定它的生态功能,如是为了连接生境,还是为了给野生动物设置迁移通道。

2.5 熟悉掌握该地区各种植物和野生动物的最小和最大核心生境,特别是那些对土地利用和地面覆盖变化敏感的物种。对于廊道生境要设置合理的廊道宽度,以便满足各种物种生存和繁殖需求。用作水源和空气保护的廊道,其宽度一般低于野生动物保护的廊道,建立廊道时,要认真权衡二者的关系(详见"精选资料")。

3 外观及其他感官要素

3.1 枝叶伸展的高大乔木、几乎没有下层植被、地面光滑平整、蜿蜒曲折的视野、和谐协调的建筑以及流动或平静的水面,这样的环境对大多数公众都很有吸引力。但是,还要考虑少数人的偏好。这种偏好往往会使公园更具野性或具有更规整的美感,至少在公园的某些部分会如此。

3.2 当需要引进一些具有生态价值,但缺乏吸引力的设计要素时,可以采用设计暗示手法,说明是故意设置的(如修剪整齐的边缘或规则式的植被边界。)同时还要设置标牌予以解释说明。

紧凑型的开花灌木，可以用作下被植物，既整洁又美观。最好的设计暗示应该能够使游客体验到"所期望的景观美感和健康的生态环境"。比如，在为社区振兴对公园重新设计实例中（设计实例二），在生态考虑方面，设计了一条规则式的园路，并配有一个圆形的视觉焦点。这说明，即使是生态设计，也不必要看起来很自然化，也可以有更规则的形式。

3.3 设置说明性标志，提供教育宣传机会，展示外观美与生态功能之间的协调关系，同时又可作为公园维护管理的工具。诺韦尔（Novel）的"构建生态功能外貌"的观点值得考虑。例如，蝴蝶园可以向公众展示蝴蝶在景观构建中所充当的授粉和授粉媒介的主要作用。另一个例子是，将埋于地下的河流曝光。对学生们和洪水管理来说，这种河流就是活生生的实验室。

3.4 沿公园边缘设计步行道，创建多种不同的感官体验，如使用开花的树木和灌木等。对步行小路沿线的生境进行精心设计，创造随季节而变的感官体验和生态功能。例如，不同的植物群落，可以有不同的结构形式。在温带气候条件下，林中小路两侧，可以种植多年生开花草本植物，形成一个过渡带。在干旱气候条件下，可以增加一些耐旱的、多年生开花植物。

3.5 公园内不同的时间、不同的位置，要有不同的感官体验。为游客提供观赏野生动物，如鸟类和其他授粉昆虫的机会。永久性水源能够容纳更多的生物生活生存。

3.6 创建随季节而变化的微气候环境，为游客提供多种选择。在温带气候条件下，使游客能够自由舒适地利用阳光。在炎热潮湿的夏季，必要时考虑额外增加遮荫设施。在干旱气候条件下，特别是在夏季，可以长达6个月，小公园往往不能提供有效的遮荫。应考虑提供多种遮荫手段，包括种植高大乔木，建造一些结构性建筑，如凉亭、遮荫棚等。两种气候条件下，都要注意利用水的降温性能。

3.7 对于公园中的植物和各种结构性设施，不必期望所有人都喜欢。

4 自然性

4.1 在城市中，小公园位置多变。不同的位置有不同的居民，小公园不得不考虑附近居民的偏好。施罗德提醒说"城市居民与非城市居民（郊区居民）偏好有所不同。对于森林而言，在郊区应着重强化其自然性，而少一些人造特征；对于城市公园，主要是考虑提供多种多样的休闲娱乐活动"。

4.2 对公园进行恢复改造时，不要更改那些颇受欢迎的要素。即使要更改，也要加倍小心。

4.3 对于需要恢复到原始自然状态的公园，要说明恢复的理由以及这种恢复给公园本身和游客带来的有利和不利方面。

4.4 不要试图一次将公园内的所有东西恢复到其原始状态。对公园进行恢复改建时，要考虑到植物群落和植被结构，在空间和时间上的演替变化。有些关键部位的演替变化，如野餐区和游乐区的变化，从社会活动角度来说，是否可以接受。在管理和维护方面，如何更好地应对植物群落随时间而发生的变化。应有简短明了的培训计划，对志愿人员进行培训，对植物群落的发展演化进行跟踪调查。

4.5 考虑增加色彩更鲜艳的乡土植物，甚至在公园中"本土化"很强的区域中引进外来植物，作为公园恢复的辅助手段。这样做，有可能创造出更加有吸引力的植被，延长开花季节。

4.6 合理确定公园所在的生态区，以及公园所具有的特殊的生态内涵，设计能够可持续发展的景观。要特别注意了解公园所在区域的生态发展历史。

4.7 将城乡梯度的思想引入小公园，掌握和预测小公园内植被季节变化情况和自然化趋势。城乡梯度的思想虽然主要是用于生态系统的管理，但是在局域范围内，对于小公园的管理也同样适用。

5 水

5.1 通过场地分析，了解公园的水源情况。从公园所处的地理位置，就可大体判断其水源潜力、局限性和面临的风险。看看公园是位于流域的上游，还是下游。找出流域的环境敏感性要素，如湿地、溪流、河流和地下蓄水层等。看看这些要素是位于公园内，还是位于公园外。

公园设计部门如没有水利专家，可以向有关部门请求帮助，如地方洪涝控制局、流域管理委员会和自然资源部等，他们都可以提供许多有用的信息。

5.2 如有溪流穿越公园，可沿溪流设置缓冲带，增强美感，提高生态效能，如阻渗作用、洪涝的防护和生境创建等。

5.3 河流曝光，很适合作为以社区为基础的环境教育和环境美化项目。但河流曝光涉及的内容较多，需要进行长时间的规划和资源的再分配（见"河流曝光的好处"一节）。对于这类项目，地方或州政府有关机构常会提供小额资助。

5.4 减少不透水面积，尽可能地用透水表面取代，提高地面的过滤渗透能力。因轮椅行走，有些路面需要铺装，但要精心选择铺装道路的位置，或铺设孔洞性地面。而其他道路路面可以采用渗透性更强的材料，如草坪和木板。对一些非正式的小路，避免土壤过度紧实或发生土壤侵蚀。这种情况下，对路面进行铺装是最好的选择。

5.5 雨水园和蓄洪池可用于滤渗径流。关于潜在的设计方法，见"精选资料"中的"低影响开发定义"。

6 植物

6.1 在城市公园中种植植物，关键的一步是要为植物创造良好的生长环境。有必要对土壤状况进行详细的分析测试。这一步常被忽视。但土壤分析测试，确实能够提供非常有价值的信息，对经营管理以及成本核算都很有用。

6.2 在城乡梯度链城区位置上的小公园，可选择的树木及其他植物对城市环境，如城市大气污染，要由较强的耐受力。有些树木种子或果实成熟后会自然脱落，如需进行清理，就需仔细评价其效益的高低。果实的清理，就会带来管护成本的升高。

6.3 可以把珍稀和濒危生境看作是一个小公园，但在小公园中很难见到珍稀濒危生境。若有，就需认真对待，就需要对残留生境中的植被进行调查。若要对生境进行恢复，还需要摸清外来物种的情况。

6.4 树穴要足够大，保证根系有足够的生长空间。对于机械损伤，如风折风倒和土壤板结，要采取保护措施。

6.5 许多大城市都有城市热岛效应，夏季温度达到最高值，需要及时给树木补充水分。为树木、特别是新植树木，制定一个详细的浇水计划很有必要。

6.6 选择多个树种，而不是一个树种大量栽植。这样做，可以增强美感和吸引力，提高生境质量，降低病虫危害风险。

7 野生动物

7.1 在小公园周围建立由灌木、地被植物和树木组成的过渡地带，减少边缘生境比例，但要保证视线良好，不降低安全性。只要空间允许，就要尽可能地使过渡带的宽度达到最大。此外，还要注意考虑公园内生境与公园外环境，如家庭庭院、有关机构的开放空间以及残留林地等的连接。

7.2 尽可能建立垂直分层植被，提高野生动物的生境质量，同时又要视觉畅通，不影响公共安全。迪克曼（Dickman）报道，下层灌木层高度由21cm 提高到 50cm 时，哺乳动物的数量会明显增加。

7.3 设置水源，吸引野生动物。水源地也是进行环境教育的良好场所。

7.4 尽可能保留枯立木、残桩和下层植被，以增强生境的复杂性。公众可以接近的区域，要精心管理，创造良好外观，提高社会可接受性。那些被忽视、管理不善的区域，通常是不受公众欢迎的。

7.5 各种道路尽量不要穿过公园中的生境区，减少生境破碎，有助于次生生境的恢复。尽可能将道路安排在生境或天然区域的边缘。

7.6 道路两侧、树冠之间尽量保留较大的开敞空间，增强公众的安全感。沿着从小路向生境内部方向，可以建立梯级植被结构，物种组成和物种丰度逐渐增加，并且能够反映小公园所在生态区的植物构成和分布特点。

7.7 只要条件允许,就要鼓励邻近居民参加家庭野生动物保护计划,为各种鸟类和其他野生动物提供额外食物和水源。毛瑙(Morneau)等人发现,在蒙特利公园,人工饲喂导致小范围内鸟类的数量增加。但是,关于人工饲喂还有争议。有些迁徙性动物,可能由于人工饲喂提供食物而不迁徙。

7.8 对于在城市小公园中可能出现的各种野生动物,尽可能地搜集相关信息。自然历史博物馆、自然中心、图书馆以及许多政府机构都有这方面的信息资料。在小公园设计中,最关心的是那些保护动物和濒危物种。将这些信息有机地融入到小公园的管理规划之中,有助于最大限度地发挥小公园的生境潜能。

7.9 从生境角度考虑,植物种类要尽可能丰富,包括多种落叶植物和常绿植物。特别注意选择对大气污染抗性强的常绿植物,有时它们能创造特别有价值的生境。对于某些在洞穴中筑巢的鸟类,某些树木和仙人掌类植物也应特别考虑。

8 气候与空气

8.1 在受污染的街道和活动区之间设立缓冲地带,斯伯恩建议:"休息区和运动场地应该远离污染带,距道路边缘不低于45.7m。在机动车道与休息运动区之间建立林带,与机动车道隔离。林带的株行距适度,便于空气流通。"为更有效地降低空气污染,林带宽度可以达到150m,或更宽,详见"1.2 连接与边缘"。

8.2 创建小面积阳光区。虽然种植树木主要是为游客和铺装地面遮阴,但是有时也需要有一定的光照(特别是在寒冷的冬季),同时还能够防风,有硬化地面吸收太阳辐射,供人们从事各种冬季户外活动。

8.3 不管是大冠树种,还是窄冠树种,都要尽可能地使树冠达到最大。对亚特兰大市城市热岛效应研究后,斯通和罗杰斯认为:"大冠树种密集种植,会留有大量的未遮阴空间。与分布均匀的窄冠树种相比,降温效果低。在街道两旁要种植行道树,为主路面、人行道和附近住房遮阴。"

8.4 停车场设计,尽量选用浅色铺装材料,合理植树遮阴,降低夏天温度。在具备景观美的同时,还要能够降低污染。

8.5 所选择的树种要耐干旱,能适应城市的立地条件。一般是多树种的组合,便于一年四季发挥降污效应。

- 对于悬浮颗粒污染,叶片周长与叶面积之比率高、叶面积与叶片体积之比高、叶片表面粗糙程度高的树种,去污染能力强。针叶树种叶表面积与叶片体积之比高。
- 枝条量大的针叶树和落叶树,在冬季有助于阻截空中的颗粒污染物。叶柄长的树种,如白蜡、欧洲山杨和枫树,阻截颗粒状污染物的能力强。
- 合理安排调节森林的垂直层次与气流流通之间的关系。由土壤、草本植物、灌木和树木组成的复层林,与不分层的森林相比,对污染物的沉淀阻截能力高。如林缘重叠密实,气流就会被迫上升越过林地,使污染物的沉淀能力下降。必须对森林进行合理的设计布局,使其具有良好的结构和密度。

9 活动与群体

9.1 公园可供人们长期使用,也就是说,一块小空间能够容纳多种活动,在时间上可以是一天,一个星期,一年甚至数十年(见"精选资料")。

9.2 提供多种活动空间,适用于多种类型的游客使用,而不是仅仅提供成年人主动娱乐活动空间。空间紧张的地区,可以在运动区域散置座凳,穿插小路。在座凳等设施的设计上,要考虑到年龄的差异,如供老年人休息的座凳,要设置后靠背。同时还要设置厕所和饮用水设施,供老年人和儿童使用。

9.3 设置步行小路,其长度富于变化,鼓励老年人和其他游客进行各种体力活动。除老人外,其他人也可使用这种步行小路。因此,要有足够的宽度,避免与其他活动(如慢跑)发生冲突。

9.4 野餐桌,既能适合于大家庭,又要能够适合于小家庭。可移动性桌椅是个不错的选择,能适应多种不同类型的人群。用钢筋混凝土等做成的野餐桌，虽然可以防止偷盗，但也降低了可使用性。由 4-6 个座位的餐桌，适合于典型的美国核心家庭。

9.5 老年人喜欢有遮阴的座凳。对有些人来说，座凳要安排得"便于谈话和私人接触"。座凳最好能够活动，有些人喜欢散置的座凳，以便能够独处，观赏行人、植物和动物。

9.6 为儿童提供多种娱乐活动。关于这一点，穆尔（Moore）等人给出了几项基本设计原则（进行了重新组织和合并）。

- 可接近性。
- 安全性和安全性分级。
- 多种设施和空间体验，包括退出和玩耍。
- 设施设备的灵活性和开放性，儿童或成年人可以很方便地移动和操作。
- 从安全方面考虑，有保护性的可视空间。
- 大多数活动能够得到成年人的监护。
- 有固定的、熟悉而可辨识的空间。
- 有指示季节变化的要素，并且能够一年四季使用。
- 有多种感官模拟和暗示。
- 有遮护棚。
- 有社会交往空间，适合于不同年龄阶段和不同大小的群体。
- 玩耍区域按年龄分设。
- 有与动物和植物进行交流的空间。
- 有导向性设置，如可见的闭合点或地标。

9.7 为十几岁的未成年人提供单独的活动空间，使他们有机会锻炼自己的体格，进行搭挂攀爬，即不需要成年人的太多照顾，又不对别人造成干扰。可以在公园的入口处，设置两块空间，便于十几岁的未成年人和老年人分别聚会，分别从事各自的社交活动。将十几岁的未成年人与幼年儿童分开，也是一种不错的处理方法。

9.8 为游客留出观赏和被观赏的空间。例如，散步空间在设计上，就可以有文化方面和社会习俗方面的特殊之处。有些文化传统喜欢使用公园中的公共道路或类似公共道路的地方，而有些则喜欢使用公园中的其他区域。

9.9 慎重考虑公园的可接近性。尽可能使公园靠近公共交通线，便于低收入人群、年龄太大或太小、不能驾车或走远路的人进入公园。

9.10 合理设计各种活动的邻近区、公园之间的区域以及与公园相邻的其他区域，尽量减少冲突。各种活动空间之间要界限明确，防止因模糊不清而发生冲突。

10 安全性

10.1 在公园设计中，照明是一个很复杂的问题。对于夜晚使用的地区，有必要设计照明设施；而对于夜晚不使用的地区，如安装照明设施，就会产生误导，带来危险，对一些有意识隔离的区域更是如此。

10.2 视线尽可能开阔，避免公园中的游客成为受害者。对有些灌木，特别是位于循环通道上的灌木及时修剪，使抢劫者难以藏身。公园周围的居民和工人可以为公园提供天然监护。在犯罪率高的区域，植被不要太密，要使视线畅达。

10.3 在小公园中进行野生动物生境设计时，要考虑到植被结构对安全性的影响。试图找到一种途径，使游客既能够了解景观的结构和功能，又能够感到安全。这一点，对于一些使用频度很高的地区，如园路两侧，特别重要。在温带气候条件下，一条狭窄的小路，穿过植被茂密的树林，会使人感到不安全。园路加宽，安全性提高，但会引起较大的生境断裂，从而影响植被和生境的连通性。这就需要根据管理和维护的需要进行合理的调整。

10.4 认真考虑儿童安全问题。既要强化儿童在身体素质、技能技巧和探索精神等方面的发展，又要保证他们不发生意外事故。不管怎么说，在儿童游乐区设置适当的地面铺装是必要的。

11 管理

11.1 对公园中的植物，像对待栽培植物那样管理，是很昂贵的。为降低植物养护成本，或使公园处于一种更天然的状态，可以从以下几个方面考虑。

• 在制定景观管理规划时，考虑到公园中植物群落的自然演替过程。乡土植物可以降低维护成本，用它们来代替草坪，从社会角度来考虑，是可以接受的。当然，要作出最终决定不能只考虑这一个因素。但是，不管怎么说，如果规划实施合理，从长远来说，能够降低养护成本。有时可能也还需要种植一些其他植物，以改善此类地区的外貌。

• 在植物搭配上，强调采用维护成本低的乡土植物，以及其他维护成本低的树木、灌木和地被植物。这样做，植被外观整洁，生境和植被结构多样，而且还有助于减轻大气污染（详见气候与空气）。

11.2 对已有树木和灌木，进行有选择性的修剪，促使他们向其自然生长状态发展。与强度修剪相比，冠形会更开阔。注意保持有良好的视线，不要使树木和灌木的枝条过于开张，造成危险。

11.3 对树木的管理要着眼于长远，要给树木提供适量的土壤和养分（详见植物）。正如吉姆所阐述的："在景观建设项目中，资源分配严重不公，大部分财力和物力都投入到植物材料本身以及地上部分的照料，对土壤只是象征性地给一点点。这种状况再也不能继续下去了。那种认为任何土壤都能够维持植物正常生长的错误观点应该彻底摒弃。"

11.4 对现有立地条件进行调查，以便针对管理目标，找出关键性的问题。位于中心城区的公园，树木往往生长不好。建议进行土壤养分调查。调查一般先从乡村土壤开始，然后转入城区土壤。场地土壤调查，对了解土壤生产力和场地条件变化很重要。在恢复性景观建设项目中，往往需要对土壤进行详细的测试。

11.5 遵循一些基本生态原则和土地利用管理原则。这些原则都是当今主流生态学家所提出的。

• 时间原则　生态过程具有时间尺度，有时长，有时短，生态系统随时间而变化。

• 物种原则　关键物种及其与它相关联的物种网络，对生态系统具有主导性影响。

• 位置原则　生态过程、物种的丰度和分布，受特定地点的气候、水文、土壤、地形以及生物因素的影响。

• 干扰原则　干扰类型、长度和持续时间，构成种群、社区和生态系统的主要特征。

• 景观原则　地表覆盖的大小、形状和空间关系，影响着种群、社区和生态系统的活力。

11.6 缺乏必要的信息，是公园管理的一个薄弱环节。对于小公园在社会和生态两方面成本和收益的深入研究，有助于判断投资去向。

12 公众参与

12.1 在一些关键性问题的决策上，公众的参与有助于把公园设计得更加完美，同时又能赢得公众对公园投资的支持。

12.2 对公园进行适当的改造，可以作为中学环境教育课程的实习基地。

12.3 一些公园友好团体可以帮助从事一些基础性的养护工作，如捡拾垃圾、种植树木等。他们还可帮助筹集维护资金。这类团体需要有意识的培养，需要制定切实可行的社区支持和媒体报道计划。种植示范对于引起公众的兴趣，是一个不错的主意。

12.4 考虑设立一个以公众为基础的科学研究项目，加强对小公园中生态系统的监测，利用监测所获得的数据把小公园管理得更好。通过参与监测活动，提高中小学生的环境意识。

12.5 有些设施可能与它的使用者不相符合，特别是一些不常见的设施会出现这种情况。要及时地发现这类问题，提出改进方案提交公众会议进行讨论。

| Overview of Park Planning and Design Process | Design Examples | Design Development Guidelines | 第四篇 |

第四篇 开发问题摘要

在本指导书中,前面所谈到的 12 个主题和设计实例,每项压缩在两页纸上。作为参考性信息材料,本章可以复制,可以向公众和有关设计人员分发。每一个主题都附有相关的参考文献,可以单独使用。当然,也可以将各个主题融会贯通起来,综合运用。

1 大小、形状和数量

小公园在大小和形状上富于变化。有的如巴掌大小，只有 0.04hm² 或更小；有的可以是整个街区，面积 2-2.4hm²；有的只是河流、铁路或公路沿线的线形或不规则形的通路或绿色通道。小公园面积小，相对隔离，野生动物的种类和数量以及人类的某些活动就会受到限制。但是，小公园也有许多有益之处，至少可以为深居城市的附近居民提供一块贴近自然的环境，为某些野生动物提供栖息地。

图 4-1 小公园并不能包揽一切，也不可能满足所有人的需求。需要有所选择，在生态需求和社会需求方面建立一种平衡。

1.1 生态方面

从自然保护方面考虑，小公园因其面积小，生态价值受到怀疑。生态学家一般倾向于建立大型自然保护区，而不提倡建立小型自然保护区。林登迈尔（Lindenmayer）和富兰克林（Franklin）认为，小公园面积小，导致：①无法容纳一个完整的自然干扰过程，如火烧；②不能代表区域生态系统、景观类型和土地利用的变迁情况；③无法长期维持种群繁衍生息；④因其与其他生境斑块常有一定的距离，不利于物种的扩散。

然而，在大多数城市中，小面积的生境却是实实在在存在的，如城市中的废弃地、规划的开放空间等。这些小生境是人们在日常生活中最常接近的地方。小生境虽然边缘生境比例大，干扰程度高，外来物种多，但是如能认识到其生境局限性，给以适当的管理，也是很有用的。例如，在提高公众对城市化后果认识方面，小公园具有独特的作用。此外，如果小公园周围的开放空间体系连通良好，那么其生态价值也会得到提高。

图 4-2 与小公园相比，大公园环境效益高。但是，像河流廊道沿线的一些关键性天然区域，即使面积小，在整个生态网络的构建中，也具有很重要的作用。

1.2 社会方面

某些社会性的活动，如大型运动场，不适合在小公园中建造。适合于小公园的活动是有限，一般不需要很大的面积，如父母和蹒跚学步的幼童玩乐区或单一球场等。如果还要考虑生态功能，即使这类活动也不容易安排。

不像大型的、区域性的公园或中等大小的社区公园，小公园就在附近，面积小，数量多，很适合为邻近居民就近提供开放空间。

1.3 小公园中生态需求与社会需求的平衡协调

小公园并不能包揽一切，但是能够：①填补重要的断裂带；②增强邻近公园和开放空间的作用。并不是说，同时具有生态价值和社会价值的小公园，就一定比强调单一价值的小公园好。要具体情况具体分析评价。

一般来说，在设计新公园或对已有公园进行更新改造时，要考虑以下几个方面：

• 保证生态功能正常发挥的

图 4-3 位于天然地段的小公园，使当地居民有机会认识和了解当地的资源情况。

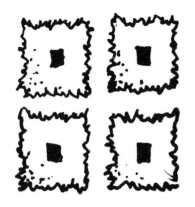  

图 4-4 与中型和小型斑块相比，大型斑块内生生境面积大。小斑块可能没有内生生境，但它可以作为大型斑块的补充。

最低宽度和最小面积，某些最低尺度能够提高小公园的生态效益。最低尺度因物种而变化，但一般来说"越高越好"。还有，靠近河流和小溪的狭窄小公园，其生态效能好于被各种结构性设施包围的小公园。

- 经过合理的设计，一个空间尺度可以适用于多种活动项目。有时可以对各种活动进行分层处理。例如，有些活动设施只是偶尔使用或具有季节性，就可以与其他活动项目共享空间。

- 在规划新社区时，尽量保持开放空间中大型生境斑块的完整性。注意小公园与周围天然区域的相对位置，考虑它们之间的连通性。许多生态学家强调，生态斑块越大，物种越多。

Information in this design sheet is taken from **DESIGNING SMALL PARKS:** *A Manual for Addressing Social and Ecological Concerns* (New York: John Wiley & Sons, 2005).

KEY REFERENCES

Collinge, S. K. 1996. Ecological consequences of habitat fragmentation: Implications for landscape architecture and planning. *Landscape and Urban Planning* 36:59–77.

Forman, R. T. T. 1995. *Land mosaics: The ecology of landscape and regions.* New York: Cambridge University Press.

Lindenmayer, D. B., and J. F. Franklin. 2002. *Conserving forest biodiversity: A comprehensive multiscaled approach.* Washington, DC: Island Press.

Talbot, J. F., and R. Kaplan. 1986. Judging the sizes of urban open areas: Is bigger always better? *Landscape Journal* 5 (2): 83–92.

2 连接与边缘

在大城市，住宅、商店和工厂厂房林立，构成庞大的建筑海洋，小公园就像是位于其中的小岛。但是，小公园仍然可与周围的环境建立连接。这种连接主要有两种途径，一是作为大型生境网络中的踏脚石或小斑块，二是作为人与人之间以及人与自然之间相互交流的场所。在小公园中，社会连接与生态连接的融合比较难以处理。社会连接需要高度的人工干预（强度修剪）和大量的人工栽培的绿色空间，而生态连接强调乡土植物和野生动物所占的面积要尽可能大。

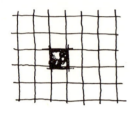

图4-5 就生态和社会效益而言，小公园如不能与其他绿色空间建立连接，它就是孤立的。

2.1 生态方面

小公园本身的生态价值有限，但是可以与其他绿色区域相连接，形成一个大型绿色系统。在城市环境当中，各种公园、有行道树的街道、河流、沟渠、小溪、残留森林和院落等，共同组成一个绿色空间网络，构成城市的生态功能体系，小公园就是其中的一个组成部分。为了使小公园的生态功能达到最大，就要强化它与周围植被的连通性。如果附近有绿色区域，那么小公园中的植物就要尽量与其靠近，增强绿色空间的整体连续性。

2.2 社会方面

小公园使人类与植物、野生动物和场地的历史变迁建立起联系，相互交流。有时仅仅是视觉上的交流。但即便只是绿色观赏，对健康也大有好处。假如公园内的景观不能一眼就看得见，应设计视觉暗示或视觉引导标志。一旦进入公园，应能看到尽可能多的园外环境。遵循下面几点，可以使公园的社会连通性达到最大。

- 在游乐区和池塘边设置座凳，式样要丰富多变，供观赏和社交之用。
- 园路穿过游乐区，是停留还是继续前行，允许游客能够自由选择。
- 在人流量大的地方，如入口，设置座凳，提高人际交流的范围和强度。
- 设立地标性标志或区域，并且要易于描述。带有地标性标志的地方往往就会成为聚会的场所。

图4-6 有时，公园的占地面积可能较大，但仍然不能与其他公园建立连接。

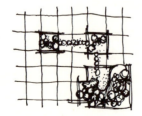

图4-7 小公园之间可以通过狭窄的走廊建立连接，如有行道树的街道。

图4-8 几个相互连接的小公园，最终可以与一个大公园连接起来。

图4-9 小公园也可以通过宽廊道，如绿色走廊，建立连接。

2.3 小公园中生态需求与社会需求的平衡协调

小公园具有地域性，同时它又是大范围生态系统或开放空间网络的组成部分。小公园因其面积小，功能有限，所以良好的连通性尤为重要。在连通性方面，主要有以下几点：

• 交通　小公园可以作为人行通道和流通网络的一部分，为人们提供主动性娱乐休闲活动。

• 人际交流　公园使人具有邻近感和位置感，便于相互交流。

• 自然系统　小公园有助于构建大型生境斑块。但是，小公园因其面积小，只能发挥某些特定的、有限的生态功能。

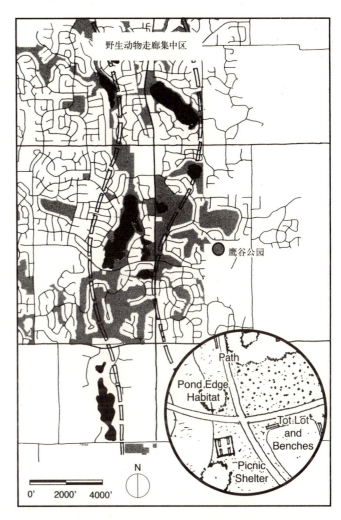

图4-10　引自设计实例2.1 鹰谷公园位于明尼苏达州一个快速发展的城郊社区边缘，靠近规划中的区域性野生动物走廊集中区。有些野生动物走廊沿着主要开放空间（如河流）展开，而在"2.1"例中，野生动物走廊所连接的是一些较小的空间，如小型湖泊和小公园。这里，在整个生态网络和社区绿色空间系统当中，鹰谷公园具有特别重要的作用。

图中浅灰色区域所代表的空间包括：天然公园、高尔夫球场以及设有大型运动设施的娱乐休闲区域。放大部分展示如何利用园路来提高公园的社会连通性。

Information in this design sheet is taken from **DESIGNING SMALL PARKS:** *A Manual for Addressing Social and Ecological Concerns* (New York: John Wiley & Sons, 2005).

KEY REFERENCES

Carr, S., M. Francis, L. G. Rivlin, and A. Stone. 1992. *Public space.* New York: Cambridge University Press.

Cooper Marcus, C., and C. Francis. 1998. *People places: Design guidelines for urban open space.* New York: Van Nostrand Reinhold Co.

Kaplan, R., S. Kaplan, and R. Ryan. 1998. *With people in mind: Design and management of everyday nature.* Washington, DC: Island Press.

3

外观及其他感觉要素

公园既要适应人类需求，又要融于自然体系之中。不同的人、不同的民族有不同的习惯，对公园设计师来说这就面临着挑战。在城市公园中，某些要素，如天然迹地，缺乏对游客的吸引力。有些天然区域，经过设计，特别是对其边缘的设计，会产生'管理暗示'效果，提高公众的可接受性。

3.1 社会方面

到目前为止，对于开放空间的研究主要集中在空间对人类的吸引力上。大多数文章都赞同那些宽泛共享，甚至跨文化传统的美学要素：

- 水体。
- 树冠开张、状似花瓶、相对开阔、树冠结构细腻的树木。
- 上层树冠高大，下层植被低矮的垂直结构。
- 地面覆盖平滑整洁。
- 高强度维护，具备整形外观。
- 没有建筑物或建筑物不突出显眼。
- 开放与封护平衡协调，空间既不过于宽敞开阔，也不过于密实紧凑（如密不透风的森林），使人难以辨别方向，易于诱导犯罪。

最新研究表明，情况有所变化：

- 虽然大多数人喜欢树冠开敞的树木，但几乎全世界所有的人都希望能够与树木一起成长，对其生长的环境，不同的人有不同的偏好。
- 城市居民、低收入人群、非裔美国人以及儿童，喜欢外观干净整洁的绿色空间。

公园里安静平和、空气清新、有春天的气息，所有这些都给人一种良好的感官体验，与城市的其他部分有明显的差异。

小公园的设计，应考虑以下方面：

- 设计园路，路边可以栽植开花树木和灌木，创造多种感官体验。园路两侧的生境也要能够提供感官体验和生态功能的季节

图4-11 开阔平坦的草坪，点缀上几株高大乔木，为大多数人所喜欢。公园不仅能够观赏，而且还要能闻、听和感受，并且一年四季富于变化。

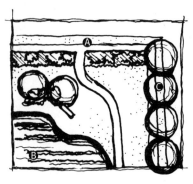

图4-12 看：A.花坛提供多种色彩和质感。B.水体观赏使人感到平和而凉爽。C.叶片随季节更替而变化色彩。

第四篇　开发问题摘要

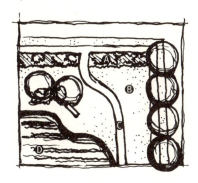

图4—13　摸：A.各种花卉提供多种质感。B.开阔松软的草坪，可以放松休息。C.粗质地的鹅卵石小路与周围松软的草坪形成鲜明对照。D.水体创造出凉爽和清新。

图4—14　闻：A.人行道两侧，开花的多年生植物和一年生植物，创造出芳香边界。B.草坪修剪后，可以闻到草坪的新鲜气息。C.春天，开花树木使空气中充满芳香。

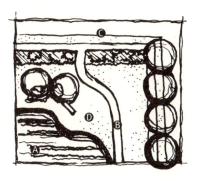

图4—15　听：A.池塘不远处，可以听到鸭声和水溅声。B.走在鹅卵石小路上会发出咯吱咯吱的声响。C.听附近街道上穿梭而过的车流。D.座凳置于相对安静的区域。

变化。

- 提供野生动物，如鸟类和其他授粉者的观赏机会。永久性水源能够吸引更多的野生动物。
- 考虑设计季节性微气候，为游客提供多种选择。

3.2　小公园中生态需求与社会需求的平衡协调

一般来说，公园景观整齐有序，生态景观"杂乱无章"，为了协调缓和二者之间的矛盾，公园设计师必须有一套良好的设计策略，正如风景园林师J·纳绍埃尔（Joan Nassauer）所提出的，"在社会可接受的前提下，考虑景观的生态功能。既美观，又要生态健康"。有一些常用的设计手法，如外缘修剪、增种乡土野生花卉，对林缘进行有选择的修剪等。纳绍埃尔还认为，强化公众教育，也是提高公众生态意识和社会接受性的重要环节。

Information in this design sheet is taken from **DESIGNING SMALL PARKS:** *A Manual for Addressing Social and Ecological Concerns* (New York: John Wiley & Sons, 2005).

KEY REFERENCES

Cooper Marcus, C., and C. Francis. 1998. *People places: Design guidelines for urban open space.* New York: Van Nostrand Reinhold Co.

Gobster, P. H. 1994. The urban savanna: Reuniting ecological preference and function. *Restoration and Management Notes* 12 (1): 64–71.

Kaplan, R., and S. Kaplan. 1989. *The experience of nature: A psychological perspective.* Cambridge: Cambridge University Press.

Kaplan, R., S. Kaplan, and R. Ryan. 1998. *With people in mind: Design and management of everyday nature.* Washington, DC: Island Press.

Nassauer, J. I. 1992. The appearance of ecological systems as a matter of policy. *Landscape Ecology* 6:239–250.

Nassauer, J. I. 1995. Messy ecosystems, orderly frames. *Landscape Journal* 14:161–170.

Schroeder, H. W. 1989. Environment, behavior and design research on urban forests. Vol. 2 of *Advances in environment, behavior and design,* ed. E. H. Zube and G. T. Moore, 87–117. New York: Plenum Press.

Ulrich, R. S. 1986. Human responses to vegetation and landscapes. *Landscape and Urban Planning* 13:29–44.

4 自然性

城市中开放空间的自然性,或许是最具争议的问题之一。自然性和美感深受文化传统的影响。公众一般认为,自然景观在生态上是健康的。但是,这种认识只是肤浅的、表面的,有许多问题还有待解决,比如,什么样的外观和功能才算是具备自然性?自然化的程度多高才能被社会所接受?

4.1 生态方面

从生态方面来说,小公园对于城市自然化程度的贡献,取决于小公园的大小、形状以及邻近公园的数量。此外,还受到休闲娱乐需求、安全性以及其他人的需求的限制。

城乡梯度的概念,有助于更好地理解处于不同位置、服务于不同目的的城市绿色空间。关于城市森林,布拉德利(Bradley)写道:

谈到城市森林景观发展的机会和局限性,在从市中心向荒郊野外方向上,城市森林梯度的概念很有用。在这个梯度上,差别最明显的是人类与植物种群数量和密度。在市中心一端,人口密集,植被稀少;而在另一端,情况恰相反,人口减少,植被增加。

4.2 社会方面

不同的人对城镇的自然性水平有不同的认识。例如,在密歇根州安·阿伯市做过一项调查。调查总人数为300,涉及开放空间工作人员、志愿者、邻居和游客等。调查发现,"开放空间工作人员和志愿人员更喜欢概念性的描述,他们往往笼统地谈论某一特殊类型的自然景观,如草原,而不特别针对某一个特定地点"。其他受访者则更针对于某一特定地点,而不是仅仅谈论自然性的概念,希望绿色开放空间能够发挥相关的社会功能,如提供娱乐休闲和观赏,并希望对植物进行高强度的人工修剪。

人们对于自然的态度也会因地区、公园位置以及人口状况而变化,公园设计师应尽可能地了解这些不同的变化。例如,城市中的小公园,位置不同,其周围居民不同,会有不同的偏好。绿色空间外观研究表明,郊区居民

图 4—16 在城市中,从城市边缘向市中心,具有从乡村向城市的类似梯度特征。小公园对城市自然化的贡献,是公园设计师和管理人员所面临的重大问题。

图 4—17 在城市的外缘,农业景观和天然景观占支配地位。

图 4—18 靠近市中心,建筑和人类占主导地位,只有小面积的自然区域填塞其间。

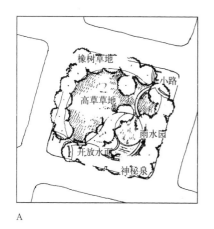 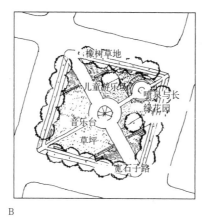 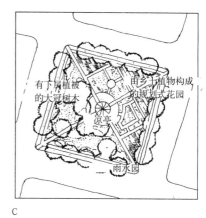

A　　　　　　　　　　　　　B　　　　　　　　　　　　　C

图 4-19　摘自设计实例 2-4：
小公园的自然化程度因位置而不同。城郊居民更喜欢天然区域，而市中心居民希望公园能够提供更多的娱乐休闲活动。上图展示，在只有一个街区大小的一小块土地上，如何进行合理的设计，以满足不同的自然性追求。A. 最自然化的方案。B. 最人工化的方案。C. 中间化方案。在 C 方案中，A 方案中提到的乡土植物和植物群落仍然采用，但将它们设计成一个规则式的大花园。开放空间由高大乔木和下层植被构成，介于方案 A 中的高草草原和方案 B 中的草坪之间。

偏好建成环境少的自然景观，而位于市中心的公园应将重点放在娱乐休闲上。

4.3　生态需求与社会需求之间的平衡协调

现有公园改造成更自然化的景观，都要认真考虑生态需求与社会需求的平衡问题。比如，在对公园进行恢复改造时，许多公众不喜欢砍伐树木，把它看成是非自然化的举措，尽管砍伐树木是合理改造所必需的。对于公园的变更要及时向公众说明，便于公众理解和接受。有经验的专家提醒，公园的更新改造往往在公众还没有完全接受的情况下就已经开始了。此外，对于城市公园的更新改造，还要考虑到植物群落结构在时间和空间上的自然演替问题。对于公园中的某些重要区域，如野餐区和游乐区，要预测这种变化是否能够被公众所接受。

Information in this design sheet is taken from **DESIGNING SMALL PARKS:** *A Manual for Addressing Social and Ecological Concerns* (New York: John Wiley & Sons, 2005).

KEY REFERENCES

Bradley, G. 1995. Urban forest landscapes: Integrating multidisciplinary perspectives. In *Urban forest landscapes: Integrating multidisciplinary perspectives,* ed. G. Bradley, 3–11. Seattle, WA: University of Washington Press.

McDonnell, M. J., and S. T. A. Pickett. 1990. Ecosystem structure and function along urban-rural gradients: An unexploited opportunity for ecology. *Ecology* 71 (4): 1232–1237.

Nassauer, J. I. 1997. Cultural sustainability: Aligning aesthetics and ecology. In *Placing Nature,* ed. J. I. Nassauer, 65–83. Washington, DC: Island Press.

Ryan, R. L. 2000. A people-centered approach to designing and managing restoration projects: insights from understanding attachment to urban natural areas. In *Restoring nature: Perspectives from the social sciences and humanities,* eds. P. H. Gobster and R. B. Hull, 209–228. Washington, DC: Island Press.

Schroeder, H. W. 1982. Preferred features of urban parks and forests. *Journal of Arboriculture* 8 (12): 317–322.

5 水

水能创造出优美景观，引人入胜。植物和野生动物的生存生活离不开水。城市公园对地表径流具有天然渗滤作用。被埋于地下的河流小溪，在城市公园中可以重见天日，接受曝光。所有这些都表明，水是小公园设计中的一个重要因素。

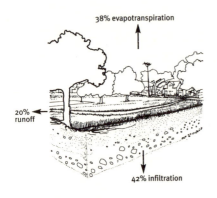

图4-20 图中展示的是小公园中降雨去向。该小公园的绿色覆盖率为80%-90%，即不透水面积占10%-20%。限制不透水表面面积，可有效地减少地表径流。图中数据引自联邦河流恢复协作组（1998）。绘图：邦西格诺（Bonsignore）。小公园设计中，很重要的一步就是了解设计区域的水文状况以及城市化所带来的影响。植物可以通过茎、叶截流降水。落叶、腐朽的枝干以及地表面上其他有机物质也可以蓄纳降水。

5.1 生态方面

乍看起来，小公园因其面积小，水的管理应该不是多么复杂的问题。然而，小公园的使用频度高，许多与水有关的问题变得越来越重要，如游乐区土壤的紧实板结、路边及斜坡上土壤的侵蚀、对洪水过滤渗透能力的下降等。有些问题可以在小公园内解决，但有些不是小公园本身的问题，如小公园周围城市化面积的扩大等。

5.2 社会方面

许多硬质景观，如建筑物、停车场、街道、机动车道和人行道，含有大量的不透水表面，给水资源管理区带来许多问题。不透水表面限制了降水的下渗，增强地表径流，而且地表径流中常含有大量污染物。

河道改造，即把天然河流改造成封闭的管道系统或开放的钢筋混凝土沟渠，也是常见的水源管理问题。这种改造虽然能短期内控制洪水，但从长远来说，河流的美学价值、长期防洪能力以及野生动物生境受到破坏。

5.3 小公园中生态需求与社会需求之间的平衡协调

小公园中水资源的管理，一方面要防止降水进入某些区域，如运动场地；另一方面又要尽可能地阻截积蓄降水，创建水景景观。

减少不透水表面面积或采用一些替代措施，改善地表面的透水状况。有些道路需要铺装地面，如供轮椅通行的道路，要精心选择位置或采用孔洞性铺装方法。其他道路可以尽量选用透性材料，如木板或草坪等。

如有河流穿过公园，可以利用河流的缓冲带提高美感，增强各项功能的发挥，如径流下渗、洪水防护和生境保护等。作为以社区为基础的环境教育项目和近邻美化示范，河流曝光很有效。但是，河流曝光是一个大项目，需要进行长远规划和资源分配。对于这类项目，往往可以从地方或州政府等有关机构获得少量资助。

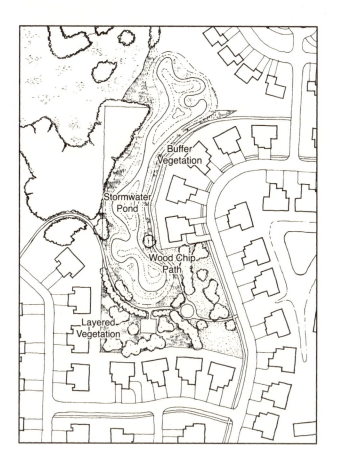

图 4—21 摘自设计实例 2.1：水给人以欢愉，为多数人所喜欢。许多新开发地段必须设置蓄洪池以便积蓄洪水。如果设计合理，这类蓄洪池也可具有很高的美学和生态价值。图中展示，如何将蓄洪池融入到小公园之中。池岸和池底的起伏变化，有效地改善了蓄洪池的生境条件。由乡土植物构成的一条缓冲带，能有效地减少进入池塘的地表径流，为多种野生动物创造生境。通过一条木板小路，游客可以接近池塘水面。小路远离池塘边缘，减少了对生境的干扰和池塘边土壤的踩踏。

Information in this design sheet is taken from **DESIGNING SMALL PARKS:** *A Manual for Addressing Social and Ecological Concerns* (New York: John Wiley & Sons, 2005).

KEY REFERENCES
Arnold, C. L., and C. J. Gibbons. 1996. Impervious surface coverage: The emergence of a key environmental indicator. *Journal of the American Planning Association* 62 (2): 243–258.
Federal Interagency Stream Restoration Working Group (FISRWG). 1998. *Stream corridor restoration: Principles, processes, and practices.* GPO Item No. 0120-A. Washington, DC: Federal Interagency Stream Restoration Working Group.
Miltner, R. J., D. W. White, and C. Yoder. 2004. The biotic integrity of streams in urban and suburbanizing landscapes. *Landscape and Urban Planning* 69:87–100.

6 植物

在美学和生态学方面，植物是很珍贵的景观要素。公园中的树木最引人注目，它可以帮助构成娱乐休闲空间和动植物生境。灌木、地被植物和花卉在组织和构建开放空间方面，也具有重要作用。总的来说，植物具有许多有益之处，如调节微气候、改善空气质量、控制洪水以及为野生动物提供生境等。我们所面临的主要问题是，城市植被生长于一种胁迫环境之中，如土壤污染、大气污染、水文地质条件的改变以及其他城市化所带来的不利影响。

6.1 生态方面

从前，提到城市森林，就是指沿街行道树和城市公园中的树木。近十多年来，城市森林的概念有了扩展，它包括城市中的所有植物。

为了保证植物长期存活，必须针对场地的立地条件选择合适的植物，并且精心栽植。选择植物时要考虑到植物对不良条件的耐性，如抗污染能力的高低，寿命的长短等。种植时很关键的一步，就是为植物创造良好的栽植环境。例如，在公园中植树时，首先要对土壤条件进行详细的分析测试，获得有价值的信息，便于今后的经营管理。但是，在实际工作中，这一步往往被忽视。

6.2 社会方面

林学家、科学工作者和公众最关心的是城市森林能否健壮生长。健康、寿命长、管理良好的城市森林，具有许多有益之处。正如德怀尔等人所指出的，城市森林对于改善空气质量、调节城市小气候、降低噪声以及创造景观美感方面，都具有不可替代的作用。但是，对于城市森林的一些不利效应，如水分消耗、花粉扩散、绿色垃圾的产生、管理维护工具和设备的污染物排放以及外来物种的扩散等。

6.3 小公园中生态需求与社会需求之间的平衡协调

随着城市的增长，自然植被的破碎，是城市森林所面临的主要问题之一。植被的破碎形成残留生境。在残留生境中只有少量的乡土动植物生存。乡土动植物数量少，能否带来严重的问题，取决于它所处的周围环境。在制定种植规划时，要能够反映出城市化过程的历史演变和当地的文化习俗；或者将当地的植物与外来植物合理搭配，反映出季节的四时更替，给人一种良好的感觉体验。要注意，生境价值不大的外来物种在公园中大量种植，会给管理区带来很多麻烦。

图4-22 所选择的植物种类与立地条件，即土壤组成和水分供应状况，相匹配时，植物才能够健壮生长。

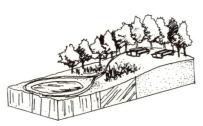

图4-23 对于给定的立地条件，为其选择合适的植物，就如同在娱乐休闲项目中，选择主动性活动项目。

第四篇 开发问题摘要

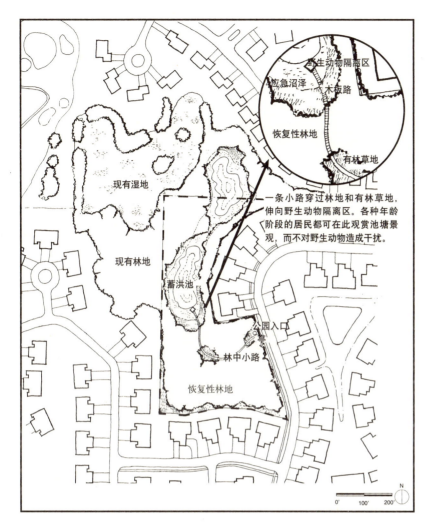

图 4—24 摘自设计实例 2.1。
这是一个新建公园的规划设计。公园的中心是一个已建成的蓄洪池，附近有一块残留林地和一块湿地。这些为公园内植物的选择提供了线索。在种植规划中，将林地向公园延伸。一条小路穿过恢复性林地和有林草地，通向野生动物隔离区。小路沿着公园的一侧延伸，以减少恢复性林地的生境破碎。公园外面建有缓冲带，使人感到这里的自然环境受到保护。

Information in this design sheet is taken from **DESIGNING SMALL PARKS:** *A Manual for Addressing Social and Ecological Concerns* (New York: John Wiley & Sons, 2005).

KEY REFERENCES

Dorney, J. R., G. R. Guntenspergen, J. R. Keogh, and F. Stearns. 1984. Composition and structure of an urban woody plant community. *Urban Ecology* 8:69–90.

Dwyer, J. F., E. G. McPherson, H. W. Schroeder, and R. A. Rowntree. 1992. Assessing the benefits and costs of the urban forest. *Journal of Arboriculture* 18:227–234.

McDonnell, M. J., and S. T. A. Pickett. 1990. Ecosystem structure and function along urban-rural gradients: An unexploited opportunity for ecology. *Ecology* 71 (4): 1232–1237.

McPherson, E. G. 1995. Net benefits of healthy and productive urban forests. In *Urban forest landscapes: Integrating multidisciplinary perspectives,* ed. G. Bradley, 180–194. Seattle, WA: University of Washington Press.

7 野生动物

城市野生动物，听起来似乎有点矛盾。但在城市中，如有合适的条件，某些野生动物确实能够繁衍生息。小公园就可提供野生动物生活所需的条件。当然，城市中不可能有大量的野生动物，只有那些对环境条件适应范围广的一般性物种，才能进入城市，在城市中生活。

7.1 生态方面

动物需要食物、水分和庇护场所，以完成其生命周期。随着各项环保政策的实施，城市中的水分和大气越来越清洁，不少生物得以恢复。这使人们感到吃惊，也使公众进一步认识到了生物的生存具有弹性。生物对城市环境的耐受程度是可变的，并且取决于其生活史。常见物种，食物和庇护场所范围广，最能适应城市的环境条件。专有物种，包括许多珍贵稀有和濒危物种，要求特殊的生境条件，如斑块的大小、植被结构、植被组成、食物来源等，限制了它们的生存范围。

7.2 社会方面

人们喜欢与野生动物互动。公园中的一个核心问题就是犯罪问题。植被繁茂紧凑，使人感到不安全。但正如上面所描述的，繁茂紧凑的植被最适合野生动物生存。

7.3 小公园中生态需求与社会需求之间的协调平衡

小公园中决不会有种类繁多的野生动物，而多数为常见种。即使那些无处不在的常见种，在小公园中也很受游客欢迎。有时候，小公园也可为一些非常见种提供关键生境，这就需要进行平衡协调。有些小公园仅能容纳昆虫和蝴蝶之类的野生动物。要尽可能地保留植被的垂直分层结构，为某些野生动物提供生境，同时还要从安全角度考虑，留有足够畅通的视野。

图 4-25 图示公园中常见的植被结构类型。A. 单层乔木型。能够提供遮阴、构建视觉框架，但因缺乏下层植被，降低了其生境价值。B. 植被有了垂直分层，生态价值提高，但有可能带来安全问题。C. 在小公园中，低矮的灌木和花卉最理想，既能有良好的视野，又能增添色彩和质感，但其垂直结构不适于许多城市野生动物生存。

公园大小（面积）是物种多样性最重要的决定性因素。小公园因其面积小，最适合对面积不敏感的常见物种。小公园内物种的多少还与公园外围的植被宽度和结构有关。如公园外围有厚厚的植被包围，而不是突然断开，所能容纳的物种就多。一般来说，在树木与邻近土地之间建立缓冲带，可以减轻边缘效应。缓冲带可以由灌木和地被植物构成。

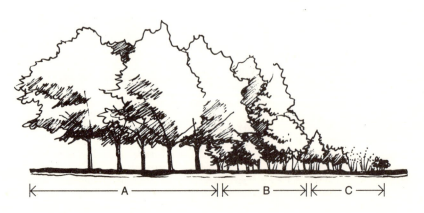

第四篇　开发问题摘要

图4-26 摘自设计实例2.3。
许多公园都设有娱乐休闲性设施，如球场、运动场和溜冰场等。注意不要使这些设施成为小公园的主导，限制它的生态潜能，而只能容纳几种最适合的物种。在该公园设计中，有几个小地方如雨水园、娱乐休闲设施之间的天然植被等，可以提高公园的生态价值。整体上说，娱乐休闲区是从天然区域中"切割"出来的。乡土草本植物和花卉一直延伸到运动场地的边缘。沿公园边缘建立一条具有垂直分层结构的林带，增强公园的生态功能。在林带的垂直结构中，上层为高大乔木，下层为地被植物和灌木。另外，还设计了一个蝴蝶园。该设计的不足之处在于，运动场地降低了湿地的恢复机会，而湿地是该场地的原生土地类型。

Information in this design sheet is taken from **DESIGNING SMALL PARKS:** *A Manual for Addressing Social and Ecological Concerns* (New York: John Wiley & Sons, 2005).

KEY REFERENCES
Dickman, C. R. 1987. Habitat fragmentation and vertebrate species richness in an urban environment. *The Journal of Applied Ecology* 24 (2): 337–351.
Jokimäki, J., and J. Suhonen 1998. Distribution and habitat selection of wintering birds in urban environments. *Landscape and Urban Planning* 39:253–263.
Singer, M. C., and L. E. Gilbert. 1978. Ecology of butterflies in the urbs and suburbs. In *Perspectives in Urban Entomology,* eds. G. W. Frankie and C. S. Koehler, 1–11. New York: Academic Press.
Sorace, A. 2002. High density of bird and pest species in urban habitats and the role of predator abundance. *Ornis Fennica* 79 (2): 60–70.

8 气候与空气

公园,特别是小公园中的树木,可以调节和改善邻近地区的大气温度和大气质量。如有许多小公园散布在城市中,就可有效地减轻城市热岛效应。树木越多越好,是一个方面,但这还不够,还需要进行精心设计和选择,如栽植地点、配置方式、叶片类型和维护管理需求等,才能发挥出最大效益。

有关空气质量和城市气候的三个主要问题:城市热岛效应、局部污染和潜在的全球变暖,小公园可以帮助解决。

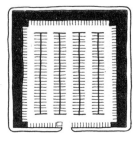

图4-27 小公园中停车场往往是必不可少的。图中展示的是两个不同的设计方案,对于改善空气质量和局部微气候,具有不同的效果,有树木遮阴的停车场(上图),有助于减轻热岛效应,减少停放汽车的污染物排放。好的停车场尽量减少铺装地面面积,并且选用浅色铺装材料(下图)。

树木能够降低空气温度,特别是在下午。在温带气候条件下,分布均匀的窄冠形树木,比大冠类密集型、簇状栽植更有效,因为后者常留有大面积的不被遮阴的空间。行道树能够为机动车道、人行道和附近住房遮阴。草本植物常会产生一种不整洁的感觉。在减轻热岛效应方面,反射性的、浅色建筑表面很有效。

8.1 热岛效应

城市中建筑、铺装材料等硬质景观对热量的吸收和贮存,机动车、割草机以及工业设备的运转散热等,都会引起城市温度的升高,即热岛效应。由于城市热岛的存在,城区的最低温度升高,温暖期延长。城市热岛通过两个途径对空气质量产生影响:①促进臭氧的形成。②使臭氧合成前体数量增加。一般来说,城区温度高于乡村,但位于沙漠地区的城市,景观要素的蒸腾可以降低温度。

8.2 区域性空气污染

区域性空气污染,来源多种多样,如大部分碳氢化合物来源于机动车尾管的排放。风景园林师格雷格·麦克弗森研究表明,在碳氢化合物总排放量中,停放着的汽车供油系统的排放量占16%。

经过对大量文献资料的研究,关于空气污染物的自然去除途径,史密斯总结为以下六个方面:①土壤吸收。②水体吸收。③岩石吸收。④雨水冲刷和淋溶。⑤大气中的化学反应。⑥植物的叶片吸收。斯伯恩指出,用植物去除污染物时,植物应具备"稠密的枝条,树皮粗糙,叶片多毛,叶面积与叶片体积之比高,并且种植在由落叶和植物覆盖的土壤上,而不是种植的铺装地面上。"在寒冷的冬季,有大量枝条的针叶树和落叶树,能有效地阻截颗粒状物污染物。

针叶树与阔叶落叶树的混栽,是改善空气质量的有效方式。垂直分层的绿色空间——低矮的地被植物、灌木和高大的乔木,对污染物沉积能力高于单层植被。注意,边缘植被不要太密实,以防气流上升,迅速越过植被,造成污染物沉积能力下降。

8.3 全球变暖

如果城市中的树木寿命短,并且管理良好,那么就意味着它所释放的总碳量要高于天然生长状态下的树木。当然,在选择树种时,小公园中的树木寿命要高于行道树。树木的降温作用,减少了能源消耗,从而也就减少了空气中碳的排放量。

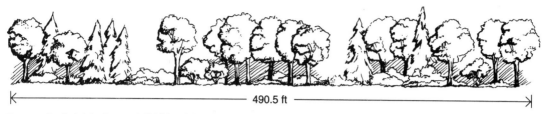

图 4—28 为了提高空气质量，理想的树林斑块宽度为 150m，最好是针叶树与阔叶落叶树混栽

8.4 其他方面

小公园对于气候和大气其他方面的影响，目前还缺乏深入的研究，但有些问题已日益显示出其重要性。例如，随着臭氧层的耗竭，特别是在南半球，遮阴可以有效地预防皮肤癌。

> *Information in this design sheet is taken from* **DESIGNING SMALL PARKS:** *A Manual for Addressing Social and Ecological Concerns* (New York: John Wiley & Sons, 2005).
>
> **KEY REFERENCES**
> Akbari, H., A. H. Rosenfeld, and H. Taha. 1990. Summer heat islands, urban trees and white surfaces. *ASHRAE Transactions* 96 (1): 1381–1388.
> Cooper Marcus, C., and C. Francis. 1998. *People places: Design guidelines for urban open space.* New York: Van Nostrand Reinhold.
> Garbesi, K., H. Akbari, and P. Martien. 1989. Editors introduction to the urban heat island. In Controlling Summer-Heat Islands: *Proceedings of the workshop on saving energy and reducing atmospheric pollution by controlling summer heat islands,* eds. K. Garbesi, H. Akbari, and P. Martien, 2–6. Berkeley, CA: Lawrence Berkeley Laboratory at University of California.
> Henry, J. A., and S. E. Dicks. 1987. Association of urban temperatures with land use and surface temperatures. *Landscape and Urban Planning* 14:21–29.
> McPherson, E. G., and J. R. Simpson. 1999. Reducing air pollution through urban forestry. *Proceedings of the California Forest Pest Council,* November 18–19. 1999, Sacramento, CA.
> Scott, K. I., E. G. McPherson, and J. Simpson. 1998. Air pollution uptake by Sacramento's urban forest. *Journal of Arboriculture* 24 (4): 224–233.
> Smith, W. H. 1980. Urban vegetation and air quality. Vol. 1, Session 1, of *Proceedings of the National Urban Forestry Conference,* ed. G. Hopkins, 284–305. Syracuse, NY: State University of New York, School of Forestry.
> Spirn, A. 1984. *Granite Garden.* New York: Basic Books.
> Stone, Jr., B., and M. O. Rodgers. 2001. Urban form and thermal efficiency: How the design of cities influences the urban heat island effect. *Journal of the American Planning Association* 67 (2): 186–198.

9 活动与群体

人们对公园的使用有明显的差异，活动类型不同，人数多少各异。在小公园中，各种活动之间往往存在潜在的冲突。有些活动不占据大量空间，如坐卧休息；有些活动则需要有大范围的空间。有些人是单独或结对逛公园，而有些则是以群体或一个大家庭的形式来游览公园。最近，公园对于主动性生活的作用越来越突出。虽然还不清楚逛公园是否能够真的增加体力活动，但是公园确实能够提供一些独特的娱乐休闲机会。经过精心设计，同一空间可供多个群体和人群从事多种娱乐休闲活动，时间可以是一天，一周，一个季节或一年。

图 4-29 小公园可以满足多种社交需求。有人喜欢安静和独处，而有人则喜欢群体活动。

社会方面

大量研究表明，在公园中从事什么活动，参加什么样的群体，因居住地点、年龄、性别和收入的不同，而有明显的差异。公园可供儿童玩乐，老年人社交和亲近自然。与市中心居民相比，城郊居民更喜欢野生动物和户外活动，喜欢自然化的设计，把公园看作是一片自然风景。对这些人来说，景观观赏就是很重要的休闲活动。相反，居住在城市中心的居民把公园看作是主动性娱乐活动场所。

在许多大城市，如洛杉矶和芝加哥，所进行的研究发现，对公园的使用，种族之间、不同群体之间以及不同活动之间，有交叉现象。拉丁美洲人逛公园通常是一个大家庭一起来，在公园中进行社交活动，如野餐。非裔美国人都是结伴逛公园，并且经常从事各种体育活动。除老年人和照顾儿童外，大多数白人都是单独逛公园，欣赏公园的景观美。亚洲人的情况则多变化。在芝加哥，主要是家庭群体；而在洛杉矶，亚洲人很少逛公园，即便有，也主要是一些老年人从事社交活动。

虽然无法确定公园究竟能在多大程度上帮助人们提高体育活动量，但是公园确实能够为人们的锻炼活动提供多种选择，帮助减轻压力。关于公园对公共健康的影响，目前是一个热门研究领域，再过几年，很多问题都会明朗。

设计小公园时，关于活动和群体，应重点考虑以下几个方面：

• 提供适于多种人群的活动空间，而不仅限于成年人的主动性娱乐活动。在空间紧张的地方，多用途运动场，配以座凳和小路，是一个不错的解决办法。

• 设置园路，长短不同，鼓励老年人以及其他活动能力有限的人士从事体力活动。

• 餐桌要适应于大小不同的家庭团体。可设置活动性桌椅，供不同的社会群体所需。

• 老年人喜欢有遮阴的座凳，应适当安排，以便于谈话交流。可设置活动性座凳。有些人喜欢座凳分散布置，以便独处，观赏行人、植物和动物。

• 安排创建观赏和被观赏的空间。

• 慎重考虑公园的出入口。尽可能地将公园出入口安排在靠近

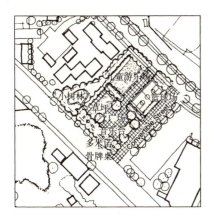 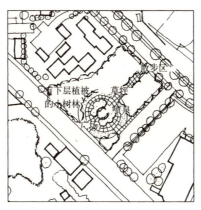

图 4-30 摘自设计实例 2.2。帕克·卡斯蒂洛公园面积 0.5hm², 附近有一个大型拉丁社区, 文化传统多样。社会因素占主导地位, 但又要具有一定的生态功能, 图中给出了两种设计方案。在左图的方案中, 带有图案的铺装广场是活动的焦点。广场附近树荫下有地标性的音乐台、篮球场和多米诺骨牌桌。铺装广场和音乐台可用作大型群体的社交聚会空间, 具有拉丁美洲风格。大型节日聚会时, 一条可变换的街道可以提供额外空间, 有几个地方带有典型的拉丁美洲广场特征: 铺装布局, 浅色装饰和浅色的包围大半个广场的围护篱笆。

交通线的地方, 以便低收入人群、太老或太年轻不能驾车的老人和儿童可以进入公园。

• 城市儿童与公园具有特别的关系。住在中心城区的儿童, 公园就是他们的主要活动场所。而在郊区, 公园主要是提供一个交往场所。

• 各种活动项目要尽可能地按年龄和活动能力大小来设置, 这一点很关键。

右图的设计在注重生态方面的同时, 还兼顾了拉美传统设计风格, 一个大广场以及散步道由渗水的地砖铺成, 广场处于大喷泉一边, 由乡土草原草所环绕, 大冠树木之下放置有桌椅。

Information in this design sheet is taken from **DESIGNING SMALL PARKS:** *A Manual for Addressing Social and Ecological Concerns* (New York: John Wiley & Sons, 2005).

KEY REFERENCES

Cooper Marcus, C., and C. Francis. 1998. *People places: Design guidelines for urban open space.* New York: Van Nostrand Reinhold.

Gobster, P. H., and A. Delgado. 1993. Ethnicity and recreation use in Chicago's Lincoln Park: In-park user survey findings. In *Managing urban and high-use recreation settings*, ed. P. Gobster, 75–81. St. Paul, MN: United States Department of Agriculture, North Central Forest Experiment Station.

Loukaitou-Sideris, A. 1995. Urban form and social context: Cultural differentiation in the uses of urban parks. *Journal of Planning Education and Research* 14: 89–102.

Moore, R., S. M. Goltsman, and D. S. Iacofano, eds. 1992. *Play for All Guidelines*. 2nd ed. Berkeley, CA: MIG Communications.

Schroeder, H. W. 1989. Environment, behavior and design research on urban forests. Vol. 2 of *Advances in Environment, Behavior and Design*, eds. E. H. Zube and G. T. Moore, 87–117. New York: Plenum Press.

Thompson, C. W. 2002. Urban open space in the 21st Century. *Landscape and Urban Planning* 60: 59–72.

10 安全

公园的安全问题涉及许多方面，如犯罪与对犯罪的恐惧、领地与草坪以及意外性事故等。

图4-31 A. 没有下层植被的高大乔木，视野开阔，将犯罪分子躲藏能力降到最低。B. 高大乔木下有下层植被，但远离道路。游客可以看到整个公园，同时又具有一定的生境价值。C. 使用频率很高的道路两旁，植被密集，虽然生境条件好，但也创造了许多躲藏隐蔽的机会。

社会方面

公园中的犯罪问题，包括四个主要内容，即监视、躲藏、躲避和瞭望。

• 监视是对犯罪的预防，前提是犯罪分子不想被抓住。
• 躲藏是指犯罪分子在犯罪前、犯罪后以及犯罪实施期间的躲避隐藏。
• 躲避是指受害者躲避受害的能力。
• 瞭望是指受害者对周围环境的观察能力。

少数人认为，天然林区犯罪率低。但大多数人的观点是，空间越开阔，安全性越高。这就需要对下层植被进行控制，而在林地和森林占主导地位的地段，对下层植被的控制又与自然生境不相匹配。

一般来说，公园设计应尽量减少犯罪分子躲藏的机会，尽可能地提高监视、瞭望和躲避受害的能力。当然，在隐秘性、大树选择和生境需求方面，就需要权衡利弊。稀树草原景观可能并不反映当地的植被类型，但对犯罪确实具有预防作用。

• 公园中的照明是一个复杂问题。供夜间使用的场地，需要有良好的照明。有些夜间不使用的场地，特别是那些孤立的地段，如增加照明，就会产生误导。
• 尽可能地提高潜在受害者监视和瞭望的能力。对于灌木，特别是位于通道附近的灌木，及时地进行修剪，使犯罪分子不易躲藏。
• 一方面，小公园可以作为野生动物的生境。另一方面，又要考虑到植被结构对安全的影响。试图找到一种方案，使人们既能了解城市景观的生态结构和功能，又能感到安全。对于一些使用频率高的地区，如娱乐休闲性小路两侧，这一点特别重要。在温带气候条件下，一条狭窄的小路穿过茂密的森林，会使人感到不安全。园路加宽，安全感提高，但又会产生较大的生境断裂，进而对生态系统产生影响。这就需要针对经营管理目标和维护需要，进行平衡协调。
• 慎重考虑儿童安全问题。既要保护儿童不因意外事故受伤害，又要强化他们在技巧和探索能力方面的发展。一般来说，在游乐区，地面要进行适当的铺装。

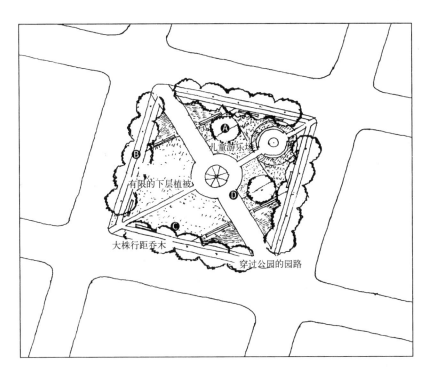

图 4-32 摘自设计实例 2.4。
该小广场的设计,在提高安全性方面,考虑了以下几点:A. 儿童游乐区靠近公园中心,远离交通要道。B. 下层植被,如灌木,数量有限,即使使用,也限制其高度,不至于创造可以隐藏的空间。C. 树木株行距加大,视觉畅通。D. 两条指示性小路,引导游客穿过公园中心地带,欣赏公园内的各项活动。

Information in this design sheet is taken from **DESIGNING SMALL PARKS:** *A Manual for Addressing Social and Ecological Concerns* (New York: John Wiley & Sons, 2005).

KEY REFERENCES

Fisher, B. S., and J. L. Nasar. 1992. Fear of crime in relation to three exterior site features: Prospect, refuge and escape. *Environment and Behavior* 24 (1): 35–65.

Kuo, F. E., B. Magdalena, and W. C. Sullivan. 1998. Transforming inner city landscapes: Trees, sense of safety and preference. *Environment and Behavior* 30 (1): 28–59.

Michael, S. E., and R. B. Hull IV. 1994. *Effects of vegetation on crime in urban parks.* Savoy, IL: International Society of Arboriculture Research Trust.

Wekerle, G. R., and Planning and Development Department Staff. 1992. *A Working Guide for Planning and Designing Safer Urban Environments.* Toronto, ONT: City of Toronto Planning and Development Department.

11 管理

从公园自身需要和子孙后代需求考虑，对小公园需要进行认真的经营管理。这里主要涉及四个方面：①管理区；②成本；③生境维护；④生态系统管理。

11.1 管理区

公园的使用强度、使用对象、因使用而引起的损伤和破坏以及潜在的安全问题，是公园设计师、规划师和管理人员所关心的主要问题。小公园可能只有一个管理区。例如，位于人口密集的中心城区的广场就只有人工栽培的景观。

11.2 成本

小公园因其面积小，单位面积、单位时间的使用强度高，所需的维护成本也高。将公园的某些区域改造成具有当地特色的景观，有可能降低管理成本，抵消面积小所带来的不利影响。此外，小公园中很少有荒废的区域，单位面积上使用人数多，人均成本有可能低于使用强度小的大公园。

11.3 生境维护

在小公园中，典型的生境维护活动主要包括草坪的修剪和灌木的修剪。有一点值得注意，将灌木修剪成各种非自然的形状，如球形，常会刺激灌木形成低矮、枝条和叶片浓密紧实的冠型。这种冠形不遮挡视线，但却牺牲了许多美学和生态价值。只要不过于遮挡视线，不影响向周围瞭望，能最大限度地减少为犯罪分子提供隐藏的机会，灌木的高度就要尽可能高。从生态学的观点来说，允许灌木按自然习性生长，伴生物种会增多，作为食物源的鲜花和果实也会增多，有利于提高生境质量。植物的季节性变化也深受人们喜爱，不同的季节有不同的鲜花和果实。在硬质地面上，植物的花和果实如果太零乱，会带来许多管理上的麻烦。

对小公园的管理，有可能对公园生态系统的多样性和复杂性产生影响。例如，小公园因其面积小，物种数量少，而只是一些常见种和边缘种，但是经过管理，可以为这些物种提供更好的生境。

11.4 生态系统管理

近十几年来，土地管理上的一些生态学原则，逐渐融入到区域性开放空间管理之中。在生态系统管理上，强调探索生态破碎的原因、结果以及可能的缓解措施。

关于小公园的管理，主要考虑以下几个方面：

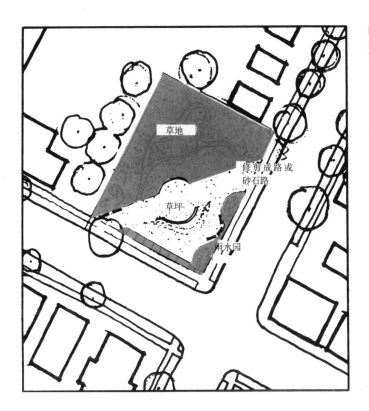

图 4-33 摘自设计实例 2-5。
设计中包含了低维护植被区（图中阴影部分），如乡土草原植被，可降低维护成本。雨水园和小路可由邻里社区维护。

- 以人工培育景观为主的小公园，维护管理昂贵。设计上要尽量采用低维护植物，管理上尽可能使其接近自然状态。
- 对于现有植物，进行有选择性的修剪，尽量使其符合自然生长习性。这样，冠形会更开张。注意保持良好的视线，树木和灌木枝条不突兀伸出，造成危险。
- 对树木的管理，要从长远考虑，为其提供充足的土壤和养分。
- 针对一些关键问题进行详细的现场调查，制定有针对性的管理计划。
- 遵循一些重要组织，如美国生态学会，所提出的以生态学为基础的土地利用管理指导原则。

Information in this design sheet is taken from **DESIGNING SMALL PARKS:** *A Manual for Addressing Social and Ecological Concerns* (New York: John Wiley & Sons, 2005).

KEY REFERENCES

Lane, C., and S. Raab. 2002. Great river greening: A case study in urban woodland restoration. *Ecological Restoration* 20:243–251.

Towne, M. A. 1998. Open space conservation in urban environments: Lessons from Thousand Oaks, California. *Urban Ecosystems* 2 (2/3): 85–101.

Zipperer, W. C. and R. V. Pouyat. 1995. Urban and suburban woodlands: A changing forest system. *The Public Garden.* 10:18–20.

Zipperer, W. C., S. M. Sisinni, R. V. Pouyat, and T. W. Foresman. 1997. Urban tree cover: An ecological perspective. *Urban Ecosystems* 1 (4): 229–246.

12 公众参与

使用公园就是参与公园设计和管理的一种形式。其他公众参与活动还包括：向有关部门游说以获得的资金支持、为公园的设计和恢复改造直接投资、帮助公园进行清洁整理和一些较轻的维护工作等。在公园专业性设计方面，公众参与的组织和设计占有重要地位。设计阶段的参与、友好团体的建立、公园的更新改造以及环境教育等，都是公众参与的重要内容。

12.1 设计阶段的公众参与

公园的规划设计是一个复杂的过程。在对公园进行设计或重新设计之前，首先要进行需求评估，当公园主要用于娱乐休闲时更是如此。设计完成之后，接下来的就是施工建设、维护管理、重新规划设计，最终直到公园的重建。公园的设计对后续各个阶段都有直接或间接的影响，但是它又具有相对独立性。

公众参与常会引起争议，并不是人人都赞成公众参与，即使是为了筹集资金。在设计领域，许多专家担心，公众的投入会使公园设计变得平庸无奇。在小公园设计中，有关美学方面的争议是可以得到解决的。公众的参与能够提供许多宝贵的信息，如当地居民的需求和价值观等。

12.2 维护责任

公园的人手有限，如何管理好公园中的各种生态资源和娱乐休闲性资源是一个很重要的问题。必须强调的是，城市公园往往都有一些支持拥护者。这些人就住在公园附近，有规律地使用公园，希望对公园进行不断的更新，改善居住区附近的环境，增强自豪感。人手缺乏的时候，这些人是维护公园正常经营管理的重要力量，他们可以作为志愿者从事一些以社区为基础的项目，参与公园的更新改造。公众参与可以引起变更，并希望这种变更是可控制的，小公园在这方面具有特别的优势。各种联合会还没有限制公众参与的规定，公园管理部门也不担心公众参与的可靠性。在设计阶段的参与会增强对公园的关切，提高维护管理兴趣。

12.3 环境教育

小公园位于学校附近也很常见，可以为儿童创造一个活生生的实验室。在小公园中有许多潜在的学习机会，如埋入管道的河流需要重新恢复，一些被忽视的林地和不常见的动物和植物等待去发现。有些是随手可得的，而有些则需要耐心观察和重新改造。对公园设计师、规划师和管理者来说，可以充分利用儿童来公园参观学习的机会，向附近居民宣传公园的社会效益和生态效益。

图4—34　当地居民参与公园的设计会产生一种拥有感，同时也有助于设计师对当地居民的需求和价值观及时作出反应。

12.4 小公园中生态需求与社会需求的协调平衡

• 在一些关键性问题的决策上，邀请公众参与，一方面可以把公园设计建设得更好，另一方面也可以创建支持团队，帮助获得资金支持。

• 考虑对公园的设计作一些改进，使其与学校的环境教育课程相配合。

• 公园友好团队可以帮助做一些基本维护工作，如拣拾垃圾、树木种植等。他们也可以向有关部门游说，以获得维护资助。

• 考虑设立一个大众科学项目，对小公园内生态系统进行监测，并利用监测获得的数据，更好地管理公园。

• 找出公园使用对象与设施之间可能存在的冲突和矛盾，包括那些在一般公园中不常见的部分。在公众会议上，要针对不同的需求，提供多个可供选择的方案。

Information in this design sheet is taken from **DESIGNING SMALL PARKS:** *A Manual for Addressing Social and Ecological Concerns* (New York: John Wiley & Sons, 2005).

KEY REFERENCES

Bradley, G. 1995. Urban forest landscapes: Integrating multidisciplinary perspectives. In *Urban Forest Landscapes: Integrating Multidisciplinary Perspectives,* ed. G. Bradley, 3–11. Seattle, WA: University of Washington Press.

Crewe, K. 2001. The quality of participatory design: The effects of citizen input on the design of Boston southwest corridor. *Journal of the American Planning Association* 67 (4): 437–455.

关键词

Abiotic　非生物体　无生命或生命过程。

Active living　主动性生活　日常生活中伴有经常性的体育活动。

Anaerobic　厌氧　环境缺氧现象。

Annual　一年生植物　只经过一个生长季节即死亡的植物。

biodiversity　生物多样性　是指基因、个体、类群、异质种群、群落和生态系统以及它们之间的相互关系。

Biogeochemical　生物地球化学的　生态系统或景观内与养分循环相关的。

Biogeography　生物地理学　研究景观或生态系统内物种地理分布规律的科学。

Bioretention　生物阻截　洪水的池塘蓄积过程。经过该过程后，污染物质被部分去除，经由下渗作用使水流速度下降，进而使水质得到改善。

Biotic　生物体　有生命的物体或过程，如动物、植物等。

Boundary　边界　生态系统的边缘部分，即两个生态系统之间的缓冲地带。

Brownfield　棕色地带　废弃工业或商业区。环境受到污染，但可进行再开发利用。

Centre city　中心城区　城市中的中心商业地带及其邻近地区。在美国，大都市中的核心地带就称为中心城区。

Chaparral　查帕拉群落　由常绿木本灌木、草本植物、非禾本草本植物、仙人掌类、一年生植物等组成的植物群落。一年中经历干湿两个季节。

Clonal　无性系　具有共同的祖先，通过非有性生殖方式形成的植物群体，如根蘖植株。典型实例如由萌蘖形成的小片山杨林。

Colonize　移居　有机体如植物和动物向新生境区的扩散定居过程。

Community (social)　群落　（社会）一个涵义广泛的术语。多种类型的人群都可归属为一个群落，如某地区所有个体的集合，具有明确活动范围的社会团体，涉及范围很广的社会网络以及具有某种归属感的人群等。

Community (plant)　群落（植物）　见"植物群落"。

Connectity　连通性　植被之间的连接或断开特性。"断裂带越□，连通性越高"（Forman 1995,38）。

Core habitat　核心生境　位于斑块内部的生境。它受边缘效应和生境破碎的影响最小。必须注意，并不是所有斑块都有核心生境。有些狭窄的、线状的植被走廊或小片树林，就没有核心生境。

Corridor　走廊　与周围土地利用类型和土地覆盖有明显区别的线条状的植被带。

Culture　文化　某团体在很长时期内所形成的风俗习惯和文明特征。

Daylight　曝光　改为管道或埋入地下的河流，经过水平或竖向恢复改造，重新曝露于阳光下的过程。在城市中，河流的改道往往是不可能的。因此，恢复改造才是比较切合实际的术语。

Desert scrub　沙漠灌木林　仙人掌类、木本灌木、非禾本草本植物和一年生植物占主导地位的植物群落。适宜于年降雨量极低、严重干旱的环境。

Ecoregion　生态区　以气候、地质地形、土壤、海拔高度和植物群落类型为基础的生态系统地理分类。

Ecosystem　生态系统　生物因素以及与其相互作用的非生物因素相对一致的自然区域。

Ecotone　群落交错区　两个生态系统，特别是水生和陆生生态系统之间的过渡地带。

Edaphic　土壤圈　受土壤影响的物体和过程。

Edge　边缘　生态系统的边界或近边界区域。其环境条件与内部核心生境有明显的不同。

Edge effect　边缘效应　植被区或斑块边缘地带所具有的突出的环境效应。在农田边缘地带，其物种组成与中心地带有明显的不同。

Emergent marsh　应急沼泽地　见'沼泽地'、'应急'。

Environmental determinism　环境决定论　环境决定行为。这种观点常受到攻击。但多数人认为，环境会对行为产生影响。

Evapotranspiration　蒸发蒸腾　植物或土壤因蒸发蒸腾而散失水分的现象。

Exurban development 远郊开发 靠近大都市近郊以外的开发。

Forb 非禾本草本植物 小型开花植物，一年生或多年生，常见于禾本科草本植物占支配地位的草原或草地生态系统中。

Fragmentation 破碎 生态系统、生境或土地，由大变小或由连接到不连接的空间分割过程。

Fragment 残留斑块 空间破碎发生后所残留下来的植被斑块。

Generalist species 广布种 对生境没有特殊要求的物种，适应性如掠鸟。

Geomorphic 地貌 地质或地表表象。

Grain 纹理 植被区质地。

Grassland (or prairie) 草原 禾本科草本植物、非禾本科草本植物和一年生植物占主导地位的植物群落。常见于半干旱、温带地区。

Greenway 绿色通道 用作娱乐休闲和环境保护的植被走廊。常见于河流沿岸和废弃铁路两旁，与邻近环境相连接。

Habitat 生境 物种所处的生态系统或在一个生态系统内某个物种的生存环境。

Habit of growth 生长习性 木本植物，如乔木和灌木有分枝习性。

Hardscape 硬质景观 见不透性表面。

Herbaceous 草本植物 不具备木本植物所具有的组织和器官（如主干、主枝、侧枝等）的植物。

Heterogeneity (or spatial heterogeneity) 异质性（或空间异质性） 构成要素在种类和特性上的相异性。在异质性景观中，生境多种多样，植物群落类型多，植物种类丰富。

Home range 领地 动物在整个生命周期中所使用的领地。

Homogeneity 同质性 土地利用类型、土地覆盖类型和生境都相似的特性。

Hydrologic 水文 与水相关的物体或过程。

Impervious surface 不透水表面 硬质构筑物，如道路、屋顶和人行道等。

Interior habitat 内生境 见核心生境。

Island biogeography 岛屿生物

Island biogeography 地理学 一种重要科学学说，该学说认为，岛屿的大小以及它与陆地的隔离情况，是陆地上物种扩散和岛屿上物种灭绝的主要控制因子。

Land cover 土地覆盖 地表面的植被类型，如森林、草原、果园等。

Landscape ecology 景观生态学 是研究土地利用和土地覆盖与生态过程之间关系的科学，并致力于将这些理论应用于景观保护和可持续性发展。景观生态学认为，不同的土地利用类型和土地覆盖，具有不同的生态过程，形成不同的环境条件，即空间异质性。空间异质性可以是某一特定景观，一个区域，也可以是一个流域。

Landscape 景观 在人文地理上，景观是"经过修整改造后为人类所永久占据的地段"（Stilgoe,19820。在其他领域，景观被理解为生态系统的聚合，每一个生态系统都有其可辨识的要素，如河道走廊、森林斑块等，并且这些要素在一平方英里或一平方公里内重复出现。

Marsh, emergent 沼泽地（应急） 草本植物占支配地位的湿地。

Matrix 基底 某地最常见的土地利用和土地覆盖类型，主要特征是连通性高。

Mesopredator 中型捕食者 中等大小的食肉动物，如浣熊、猫、臭鼬、草原狼。在非城市化地区，以捕食其他小型哺乳类动物和鸟类为生。

Metapopulation 异质种群 在空间上相互隔离的植物斑块中生活的动物群落。动物的活动又将这些植物群落相互连接起来。

Middlestory 中间层 森林中的一个植被层，位于地被层和林冠层之间，全部由灌木组成。

Mosaic 镶嵌 同一地段上有不同土地利用和土地覆盖类型，如植被周围有公园、居住区、商业区、空闲地和河流等。

Network 网络 一种走廊系统，如密西西比河及其支流所构成的走廊网络。

Overstory 上层 植物群落中最高大的一层，如森林中的乔木层。

Patch 斑块 与邻近区域有明显不同的植被或地段，如松林斑块，其周围可以是落叶森林。

Prennial 多年生植物 年年生长的植物。

Plant community 植物群落 生活于某一特定环境条件下的所有植物的总和，如枫树-桦木群落，三角叶杨-Gallery 森林群落。

Prairie 大草原 主要由禾本科草本植物和非禾本科草本植物构成的植物群落。

Rain garden 雨水园 一种景观设计类型，略微下沉，种植诱人的开花植物，能从周围区域，如草地、铺装地面、房顶等，汇集水流。

Ramada 露天棚架 一种类似亭的构筑物，常见于美国南方公园中。

Reference ecosystem 参照生态系统 一种相对原始的生态系统。具有某地所特有的典型动植物群落，能反应该地区的历史发展和变迁。这类生态系统常被用作生态系统管理和生态系统恢复的基本参照系统，来对受干扰的系统进行修复。

Resiliency (resilience) 可恢复性 受某主导因素干扰后，生态系统或景观恢复到干扰前的结构和功能的能力。

Riparian 滨河带 与河流水系相关的地带，如河流和沿河植被。

Savanna 稀树草原 树木、灌木和草本植物呈零星分布的林地。

Scale 尺度 事物或过程的程度，如面积的大小，时间范围等。

Silviculture (forestry) 造林 以获取木材和其他产品为目的的植树活动。

Sink 沉降点 在生境、斑块或生态系统内，物种死亡或迁出速率超过物种迁入或出生速率的地段。

Source 策源点 在生境、斑块或生态系统内，物种迁入或出生速率超过物种死亡或迁出速率的地段。

Succession 演替 植物群落结构随时间推移发生明显变化的现象，如从种子到幼苗，再到成熟的变化。在荒废的农田上，树苗经过一段时间的生长长成森林，就是一个典型的实例。

Specialist species 专有种 对生境有特殊要求的物种，如某些稀有和濒危物种。

Species 物种 生物学上的最基本分类单位，如动物和植物。

Turf 草坪 草地的另一种叫法。

Understory 下层 森林中的下层植被，包括草本植物、开花植物和不高于 3 英尺的小灌木。

Urban 城区 城区是指建成区，人口密度高，工业集中。常与乡村相对而言。有时城区又指大都市中的核心区域，以区别于郊区。本书中所说的城区指整个都市区。

Urban forest 城市森林 位于都市区中的植被。

Watershed 流域 由地形最高点与水流第一个出口之间所围成的区域，如河流从源头到三角洲之间的区域。

Wet prairie 湿地草原 因水位不规律变动或随季节变动而形成的草原。

Woodlot 林斑 残留林地，常见于农田中。

Wilderness 天然性 在近代早期（约公元 16-17 世纪），天然性是指天然森林或山区中"超出人类控制范围的空间"。现在，天然性是指天然的或未经人工耕种的地段。

参考文献

Adams, L. W. 1994. *Urban wildlife habitats: A landscape perspective.* Vol. 3 of *Wildlife habitats.* Minneapolis, MN: University of Minnesota Press.

Adams, L. W. and L. E. Dove. 1989. *Wildlife reserves and corridors in the urban environment: A guide to ecological landscape planning and resource conservation.* Columbia, MD: National Institute for Urban Wildlife.

Adams, L. W., L. E. Dove, and T. M. Franklin. 1985. Use of stormwater control impoundments by wetland birds. *The Wilson Bulletin* 97 (1): 120–122.

Adams, L. W., T. M. Franklin, L. E. Dove, and J. M. Duffield. 1986. Design considerations for wildlife in urban stormwater management. *Transactions of the North American Wildlife and Natural Resources Conference* 51: 249–259.

Akbari, H., A. H. Rosenfeld, and H. Taha. 1990. Summer heat islands, urban trees and white surfaces. *ASHRAE Transactions* 96 (1): 1381–1388.

Alexander, C., S. Ishikawa, M. Silverstein, M. Jacobson, I. Fiksdahl-King, and S. Angel. 1977. *A pattern language: Towns, buildings, construction.* New York: Oxford University Press.

American Forests. 2004. Air Pollution Removal. In *CITYgreen Manual.* www.americanforests.org/download.php?file=/graytogreen/airpollution.pdf.

Andrén, H., and P. Angelstam. 1988. Elevated predation rates as an edge effect on habitat islands: Experimental evidence. *Ecology* 69: 544–547.

Arnold, C. L., and C. J. Gibbons. 1996. Impervious surface coverage: The emergence of a key environmental indicator. *Journal of the American Planning Association* 62 (2): 243–258.

Arnold, G. W. 1983. The influence of ditch and hedgerow structure, length of hedgerows and area of woodland and garden on bird numbers on farmland. *Journal of Applied Ecology* 20: 731–750.

Arnold G. W., D. E. Steven, and J. R. Weeldenburg. 1993. Influences of remnant size, spacing pattern and connectivity on population boundaries and demography in euros Macropus robustus living in a fragmented landscape. *Biological Conservation* 64: 219–230.

Backhouse, F. 1992. *Wildlife tree management in British Columbia.* Victoria, BC: Ministry of Environment, Lands and Parks.

Bailey, R. G. 2002. *Ecoregion-based design for sustainability.* New York: Springer.

Baker, R. R. 1970. Bird predation as a selective pressure on immature stages of the cabbage butterflies, Pieris Rapae and P. Brassicae. *Journal Zoology* 162: 43–59.

Baker, F. A., S. E. Daniels, and C. A. Parks. 1996. Inoculating trees with wood decay fungi with rifle and shotgun. *Western Journal of Applied Forestry* 11: 13–15.

Baker, L. A., A. J. Brazel, N. Selover, C. Martin, N. McIntyre, F. R. Steiner, A. Nelson, and L. Musacchio. 2002. Urbanization and warming of Phoenix (Arizona, USA): Impacts, feedbacks and mitigation. *Urban Ecosystems* 6: 183–203.

Balling, J. D., and J. H. Falk. 1982. Development of visual preference for natural environments. *Environment and Behavior* 14 (1): 5–28.

Bannerman, R. T., D. W. Owens, R. B. Dodds, and N. J. Hornewer. 1993. Sources of pollutants in Wisconsin stormwater. *Water Science and Technology* 28 (3–5): 241–259.

Barbour, A. C. 1999. The impact of playground design on the play behaviors of children with differing levels of physical competence. *Early Childhood Research Quarterly* 14 (1): 75–98.

Barro, S. C, and A. D. Bright. 1998. Public views on ecological restoration: A snapshot from the Chicago area. *Restoration and Management Notes.* 16 (1): 59–65.

Bastin, L., and C. D. Thomas. 1999. The distribution of plant species in urban vegetation fragments. *Landscape Ecology* 14: 493–507.

Baur, A., and B. Baur. 1992. Effect of corridor width on animal

dispersal: A simulation study. *Global Ecology and Biogeography Letters* 2: 52–56.
Beier, P., and R. Noss. 1998. Do habitat corridors provide connectivity? *Conservation Biology* 12: 1241–1252.
Beissinger, S. R., and D. R. Osborne. 1982. Effects of urbanization on avian community organization. *Condor* 84: 75–83.
Bennett, A. F. K., K. Henein, and G. Merriam. 1994. Determinants of corridor quality: Chipmunks and fencerows in a farmland mosaic. *Biological Conservation* 68: 155–165.
Berger, J. 1993. Ecological restoration and nonindigenous species: A review. *Restoration Ecology* 1: 74–82.
Berlyne, D. E. 1971. *Aesthetics and psychobiology.* New York: Appleton-Century-Crofts.
Bhuju, D. R. and M. Ohsawa. 1998. Effects of nature trails on ground vegetation and understory colonization of a patch remnant forest in an urban domain. *Biological Conservation* 85: 123–135.
Bixler, R. D., and M. F. Floyd. 1997. Nature is scary, disgusting and uncomfortable. *Environment and Behavior* 29 (4): 443–467.
Blair, R. B., and A. E. Launer. 1997. Butterfly diversity and human land use: Species assemblages along an urban gradient. *Biological Conservation* 80: 113–125.
Blake, J. G., and J. R. Karr. 1987. Breeding birds of isolated woodlots: Area and habitat relationships. *Ecology* 68 (6): 1724–1734.
Blaut, J. M. 1974. Mapping at the age of three. *The Journal of Geography* 73 (7): 5–9.
Blaut, J. M, G. S. McCleary Jr., and A. S. Blaut. 1970. Environmental mapping in young children. *Environment and Behavior* 2 (3): 335–349.
Bolger, D. T., T. A. Scott, and J. T. Rotenberry. 2001. Use of corridor-like landscape structures by bird and small mammal species. *Biological Conservation* 102: 213–224.
Bond, M. T., and M. G. Peck. 1993. The risk of childhood injury on Boston's playground equipment and surfaces. *American Journal of Public Health* 83 (5): 731–733.
Bonsignore, G. 2003. *Urban green space: Effects on water and climate. Design brief 3.* Minneapolis, MN: Design Center for American Urban Landscape/Metropolitan Design Center.
Borgman, K. L., and A. D. Rodewald. 2004. Nest predation in an urbanizing landscape: The role of exotic shrubs. *Ecological Applications* 14: 1757–1765.
Brabec, E., S. Schulte, and P. L. Richards. 2002. Impervious surfaces and water quality: A review of current literature and its implications for watershed planning. *Journal of Planning Literature* 16 (4): 499–513.
Bradley, G. 1995. Urban forest landscapes: Integrating multidisciplinary perspectives. In *Urban forest landscapes: Integrating multidisciplinary perspectives,* ed. G. Bradley, 3–11. Seattle, WA: University of Washington Press.
Bradshaw, A. D. 1980. The biology of land reclamation. In *Urban areas, urban ecology: The second European symposium,* eds. R. Bornkamm, J. A. Lee, and M. R. D. Seaward, 293–303. Oxford: Blackwell Scientific Publications.
Brazel, A., N. Selover, R. Vose, and G. Heisler. 2000. The tale of two climates—Baltimore and Phoenix urban LTER sites. *Climate Research* 15: 123–135.
Bridgewater, P. B. 1990. The role of synthetic vegetation in present and future landscapes of Australia. *Proceedings, Ecological Society of Australia* 16: 129–134.
Brinson, M. M., and J. Verhoeven. 1999. Riparian forests. In *Maintaining biodiversity in forest ecosystems,* ed. M. Hunter, Jr., 265–299. Cambridge: Cambridge University Press.
Bro, E., F. Reitz, J. Clobert, P. Migot, and M. Massot. 2001. Diagnosing the environmental causes of the decline in Grey Partridge Perdix: Perdix survival in France. *Ibis* 143: 120–132.
Brownson, R. C., E. Baker, R. Housemann, L. Brennan, and S. Bacak. 2001. Environmental and policy determinants of physical activity in the United States. *American Journal of Public Health* 91, 12: 1995–2003.
Budd, W. W., P. L. Cohen, P. R. Saunders, and F. R. Steiner. 1987. Stream corridor management in the Pacific Northwest: I. Determination of stream-corridor widths. *Environmental Management* 11: 587–597.
Bull, E. L., and A. D. Partridge. 1986. Methods of killing trees for use by cavity nesters. *Wildlife Society Bulletin* 14: 142–146.
Burgess, R. L. and D. M. Sharpe, eds. 1981. *Forest island dynamics in man-dominated landscapes,* Ecological Studies 41. New York: Springer-Verlag.
Buss, S. 1995. Urban Los Angeles from young people's angle of vision. *Children's Environments* 12 (3): 340–351.
Cale, P. 1990. The value of road reserves for the avifauna of the central wheatbelt of Western Australia. In 16th Proceedings of Ecological Society Australia, *Australian ecosystems: Two hundred years of utilization, degradation and reconstruction,* eds. D. A. Saunders, A. J. Hopkins, and R. A. How, 359–367. Chipping Norton, Australia: Surrey Beatty and Sons.
Campbell, S. D., and J. L. Frost. 1985. The effects of playgrounds for children. In *When children play,* eds. J. L. Frost and S. Sunderlin, 81–92. Wheaton, MD: Association for Childhood Education International.
Capel, J. A. 1980. *The establishment and growth of trees in urban and industrial area.* Ph.D. thesis, University of Liverpool.
Carr, S., M. Francis, L. G. Rivlin, and A. Stone. 1992. *Public space.* New York: Cambridge University Press.
Chawla, L. 1998. The Growing up in cities project: Cross-cultural participatory action research with children and youth to improve urban environments. Lecture at Hampshire College, March 24.
Chenoweth, R. E., and P. H. Gobster 1990. The nature and ecology of aesthetic experiences in the landscape. *Landscape Journal* 9 (1): 1–8.

Christensen, N. L., A. M. Bartuska, J. H. Brown, S. Carpenter, C. D'Antonio, R. Francis, J. F. Franklin, J. A. MacMahon, R. F. Noss, D. J. Parsons, C. H. Peterson, M. G. Turner, and R. G. Woodmansee. 1996. The report of the Ecological Society of America Committee on the scientific basis for ecosystem management. *Ecological Applications* 6: 665–691.

Cohen, S. 1978. Environmental load and the allocation of attention. In vol. 1 of *Advances in environmental psychology,* eds. A. Baum, J. E. Singer, and S. Valins, 1–22. Hillsdale, NJ: Lawrence Erlbaum Associates.

Cole, D. N., and P. B. Landres. 1996. Threats to wilderness ecosystems: Impacts and research needs. *Ecological Applications* 6: 168–184.

Collinge, S. K. 1996. Ecological consequences of habitat fragmentation: Implications for landscape architecture and planning. *Landscape and Urban Planning* 36: 59–77.

Compton, J. L. 2001. The impact of parks on property values: A review of the empirical evidence. *Journal of Leisure Research* 33: 1–31.

Conner, R. N., J. G. Dickson, and B. A. Locke. 1981. Herbicide-killed trees infected with fungi: Potential cavity sites for woodpeckers. *Wildlife Society Bulletin* 94: 308–310.

Cooper Marcus, C., and C. Francis. 1998. *People places: Design guidelines for urban open space.* New York: Van Nostrand Reinhold Co.

Corbet, G. B., and H. N. Southern, eds. 1977. *The handbook of British mammals.* Oxford: Blackwell Scientific Publications.

Cowardin, L. M., Carter, F. C. Golet, and E. T. LaRoe. 1979. *Classification of wetlands and deepwater habitats of the United States.* Washington, DC: U.S. Fish and Wildlife Services FWS, OBS-79, 31.

Cramer, M. 1993. Urban renewal: Restoring the vision of Olmstead and Vaux in Central Park's woodlands. *Restoration Management Notes* 11: 106–116.

Cranz, G. 1982. *The Politics of park design.* Cambridge, MA: The MIT Press.

Cranz, G., and M. Boland. 2004. Defining the sustainable park: A fifth model for urban parks. *Landscape Journal* 23 (2): 102–120.

Crewe, K. 2001. The Quality of participatory design: The effects of citizen input on the design of Boston southwest corridor. *Journal of the American Planning Association* 67 (4): 437–455.

Crewe, K., and A. Forsyth. 2003. LandSCAPES: A typology of approaches to landscape architecture. *Landscape Journal* 22 (1): 37–53.

Crome, F. H., J. Isaacs, and L. Moore. 1994. The utility to birds and mammals of remnant riparian vegetation and associated windbreaks in the tropical Queensland uplands. *Pacific Conservation Biology* 1: 328–343.

Crooks, K. R., and M. E. Soulé. 1999. Mesopredator release and avifaunal extinctions in a fragmented system. *Nature* 400: 563–566.

Curtis, J. T. 1959. *The vegetation of Wisconsin—An ordination of plant communities.* Madison, WI: University of Wisconsin Press.

Dale, V. H., S. Brown, R. A. Haeuber, N. T. Hobbs, N. J. Huntly, R. J. Naiman, W. E. Riebsame, M. G. Turner, and T. J. Valone. 2001. Ecological guidelines for land use and management. In *Applying ecological principles to land management,* eds. V. H. Dale. and R. A. Haeuber, 3–33. New York: Springer-Verlag.

Dandonoli, P., Demick, J. and Wapner, S. 1990. physical arrangement and age as determinants of environmental representation. *Children's Environments Quarterly* 7 (1): 26–36.

Darlington, P. J. 1957. *Zoogeography.* New York: John Wiley & Sons, Inc.

Darveau, M., P. Beauchesne, L. Belanger, J. Hout, and P. Larue. 1995. Riparian forest strips as habitat for breeding birds in boreal forest. *Journal of Wildlife Management* 59: 68–78.

David, T. G., and C. S. Weinstein. 1987. The built environment and children's development. In *Spaces for children: The built environment and child development,* eds. C. S. Weinstein and T. G. David, 3–18. New York: Plenum Press.

DeGraaf, R. M. 1985. Residential forest structure in urban and suburban environments: Some wildlife implications in New England. *Journal of Arboriculture* 11 (8): 236–241.

DeGraaf, R. M. 1986. Urban bird habitat relationships: Application to landscape design. In *Transactions of the North American Wildlife and Natural Resources Conference* 51: 232–248.

DeGraaf, R. M. 1987. Urban wildlife habitat research: Application to landscape design. Integrating man and nature in the metropolitan environment. In *Proceedings of a National Symposium on Urban Wildlife,* eds. L. W. Adams and D. L. Leedy, 107–111. Columbia, MD: National Institute for Urban Wildlife.

DeGraaf, R. M., and J. M. Wentworth. 1981. Urban bird communities and habitats in England. *Transactions of the North American Wildlife and Natural Resources Conference* 46: 396–413.

DeGraaf, R. M., and J. M. Wentworth. 1986. Avian guild structure and habitat associations in suburban bird communities. *Urban Ecology* 9: 399–412.

Desbonnet, M. J., J. Hartigan, J. Steg, and T. Quaserbarth. 1994. *Vegetated buffers in the coastal zone: A summary review and bibliography.* Providence, RI: Coastal Resources Center, University of Rhode Island.

Diamond, J. M., J. Terborgh, R. F. Whitcomb, J. F. Lynch, P. A. Opler, C. S. Robbins, D. S. Simberloff, and L. G. Abele. 1976. Island biogeography and conservation: Strategy and limitations. *Science* 193: 1027–1032.

Dickman, C. R. 1987. Habitat fragmentation and vertebrate species richness in an urban environment. *Journal of*

Applied Ecology 24 (2): 337–351.

Dickson, J. G., and J. C. Huntley. 1987. Riparian zones and wildlife in southern forests: The problem and squirrel relationships. In *Managing southern forests for wildlife and fish,* ed. G. Dickson. and D. E. Maughan, New Orleans, LA United States Department of Agriculture, Southern Forest and Experiment Station General Technical Report SO-65, 37–39.

Dorney, J. R., G. R. Guntenspergen, J. R. Keogh, and F. Stearns. 1984. Composition and structure of an urban woody plant community. *Urban Ecology* 8: 69–90.

Dramstad, W. E., J. D. Olson, and R. T. T. Forman. 1996. *Landscape ecology principles in landscape architecture and land-use planning.* Washington, DC: Island Press, Harvard University GSD, and American Society of Landscape Architects.

Duany, A., and E. Talen. 2002. Transect planning. *Journal of the American Planning Association* 68 (3): 245–266.

Dudle, P. 1986. Improving the living conditions for street trees in Zurich. *Anthos* 3 (86): 28–30.

Dunster, J. A. 1998. The role of arborists in providing wildlife habitat and landscape linkages throughout the urban forest. *Journal of Aboriculture* 24 (3): 160–167.

Dwyer, J. F. 1993. Outdoor recreation participation: An update on blacks, whites, Hispanics and Asians in Illinois. In *Managing urban and high-use recreation settings,* ed. P. Gobster, 119–121. St. Paul, MN: United States Department of Agriculture, North Central Forest Experiment Station.

Dwyer, J. F., E. G. McPherson, H. W. Schroeder, and R. A. Rowntree. 1992. Assessing the benefits and costs of the urban forest. *Journal of Arboriculture* 18: 227–234.

Eldridge, J. 1971. Some observations on the dispersion of small mammals in hedgerows. *Journal of Zoology* 165: 530–534.

Fabos, J. 2004. Greenway planning in the United States: Its origins and recent case studies. *Landscape and Urban Planning* 68 (2–3): 321–342.

Facelli, J. M., and S. T. A. Pickett. 1991. Plant litter: Its dynamics and effects on plant community structure. *Botanical Review* 57: 1–32.

Federal Interagency Stream Restoration Working Group (FISRWG). 1998. *Stream corridor restoration: Principles, processes, and practices.* Washington, DC: Federal Interagency Stream Restoration Working Group GPO Item No. 0120-A. www.usda.gov/stream_restoration.

Fernandez-Juricic, E. 2000. Avifaunal use of wooded streets in an urban landscape. *Conservation Biology* 14 (2): 513–520.

Fernandez-Juricic, E. 2001. Density-dependent habitat selection of corridors in a fragmented landscape. *Ibis* 143: 278–287.

Fisher, B. S., and J. L. Nasar. 1992. Fear of crime in relation to three exterior site features: Prospect, refuge and escape. *Environment and Behavior* 24 (1): 35–65.

Fjortoft, I., and J. Sageie. 2000. The natural environment as a playground for children: Landscape description and analyses of a natural playscape. *Landscape and Urban Planning* 48: 83–97.

Flores, A., S. T. A. Pickett, W. C. Zipperer, R. Pouyat, and R. Pirani. 1998. Adopting a modern view of the metropolitan landscape: The case a greenspace system for the New York City region. *Landscape and Urban Planning* 39: 295–308.

Floyd, M. F., K. J. Shinew, F. A. McGuire, and F. P. Noe. 1994. Race, class and leisure activity preferences: Marginality and ethnicity revisited. *Journal of Leisure Research* 26 (2): 158–173.

Forman, R. T. T. 1995. *Land mosaics: The ecology of landscape and regions.* Cambridge: Cambridge University Press.

Forsyth, A. 2000. Analyzing public space at a metropolitan scale: Notes on the potential for Using GIS. *Urban Geography* 21 (2): 121–147.

Forsyth, A. 2003. *People and urban green areas: Perception and use.* Design Brief 4. Minneapolis, MN: Metropolitan Design Center.

Forsyth, A. 2005. *Reforming suburbia: The planned communities of Irvine, Columbia, and The Woodlands.* Berkeley and Los Angeles: University of California Press.

Forsyth, A., and K. Crewe. 2004. LandSCAPES: Six Approaches to Landscape Architecture. *Landscape Architecture* May: 99(5): 36–47.

Forsyth, A., H. Lu, and P. McGirr. 1999. College students and youth collaborating in design. *Landscape Review* 5 (2): 26–42.

Forsyth, A., H. Lu, and P. McGirr. 2001. Plazas, streets and markets: What Puerto Ricans bring to urban spaces in northern climates. *Landscape Journal* 20 (1): 62–76.

Francis, M. 1995. Childhood's garden: Memory and meaning of gardens. *Children's Environments* 12 (2): 183–191.

Franklin, J. F. 1993. Preserving biodiversity: Species, ecosystems or landscapes? *Ecological Applications* 3: 202–205.

Freemark, K. E., and H. G. Merriam. 1986. Importance of area and habitat heterogeneity to bird assemblages in temperate forest fragments. *Biological Conservation* 36: 115–141.

Garbesi, K., H. Akbari, and P. Martien. 1989. Editors introduction to the urban heat island. In Controlling Summer Heat Islands, *Proceedings of the workshop on saving energy and reducing atmospheric pollution by controlling summer heat islands,* eds. K Garbesi, H. Akbari, and P. Martien, 2–6. Berkeley: Lawrence Berkeley Laboratory, University of California.

Gehl, J. 1987. *Life between buildings: Using public space.* New York: Van Nostrand Reinhold.

Gibbs, J. P., and J. Faaborg. 1990. Estimating the viability of ovenbird and Kentucky warbler populations in forest fragments. *Conservation Biology* 4: 193–196.

Gilbert, O. L. 1989. The *Ecology* of Urban Habitats. London: Chapman and Hall.

Giles-Corti, B., and R. J. Donovan. 2002. Socioeconomic status differences in recreational physical activity levels, and real and perceived access to a supportive physical environment. *Preventive Medicine* 35: 601–611.

Gilpin, M. E., and M. E. Soulé. 1986. Minimum viable populations: Processes of species extinction. In *Conservation Biology,* ed. M. E. Soulé, 19–34. Sunderland, MA: Sinauer Associates.

Girling, C., and R. Kellett. 2002. Comparing stormwater impacts and costs on three neighborhood plan types. *Landscape Journal* 21: 100–109.

Gobster, P. H. 1993. Managing visual quality in big, diverse, urban parks: A case study of Chicago's Lincoln Park. In *Managing urban and high-use recreation settings,* ed. P. Gobster, 33–90. St. Paul, MN: United States Department of Agriculture, North Central Forest Experiment Station.

Gobster, P. H. 1994. The urban savanna: Reuniting ecological preference and function. *Restoration and Management Notes* 12 (1): 64–71.

Gobster, P. H. 1998. Urban parks as green walls or green magnets? Interracial relations in neighborhood boundary parks. *Landscape and Urban Planning* 41: 43–55.

Gobster, P. H. 2001. Visions of nature: Conflict and compatibility in urban park restoration. *Landscape and Urban Planning* 56: 35–51.

Gobster, P. H. 2002. Managing urban parks for a racially and ethnically diverse clientele. *Leisure Sciences* 24: 143–159.

Gobster, P. H., and A. Delgado. 1993. Ethnicity and recreation use in Chicago's Lincoln Park: In-park user survey findings. In *Managing urban and high-use recreation settings,* ed. P. Gobster, 75–81. St. Paul, MN: United States Department of Agriculture, North Central Forest Experiment Station.

Goldstein, E. L., M. Gross, and R. M. DeGraff. 1981. Explorations in bird-land geometry. *Urban Ecology* 5: 113–124.

Goldstein, E. L., M. Gross, and R. M. DeGraff. 1983. Wildlife and greenspace planning in medium-scale residential developments. *Urban Ecology* 7: 201–214.

Grabosky, J., and N. Bassuk. 1995. A new urban tree soil to safely increase rooting volumes under sidewalks. *Journal of Arboriculture* 21 (4): 187–201.

Grey, G. W., and F. J. Deneke. 1986. *Urban forestry.* New York: John Wiley & Sons, Inc.

Grimm, N. B., J. M. Grove, S. T. A. Pickett, and C. L. Redmond. 2000. Integrated approaches to long-term studies of urban ecological systems. *Bioscience* 50: 571–584.

Grove, M., K. E. Vachta, M. H. McDonough, and W. R. Burch. 1993. The urban resources initiative: Community benefits from forestry. In *Managing urban and high-use recreation settings,* ed. P. Gobster, 23–30. St. Paul, MN: United States Department of Agriculture, North Central Forest Experiment Station.

Guntenspergen, G. R., and J. B. Levenson. 1997. Understory plant species composition in remnant stands an urban-to-rural land-use gradient. *Urban Ecosystems* 1: 155–169.

Hager, M. C. 2003. Low-impact development, lot-level approaches to stormwater management are gaining ground. *Stormwater* 4 (,1) available at www.forester.net.

Handy, S. 2003. Critical assessment of the literature on the relationships among transportation, land use, and physical activity. Paper prepared for the TRB and the Institute of Medicine Committee on Physical Activity, Health, Transportation, and Land Use, November 24.

Harlock J., J. K. Blackshaw, and J. Marriott. 1995. *Public open space and dogs: A design and management guide for open space professionals and local government.* South Yarra, Victoria: Petcare Information & Advisory Service. www.petnet.com.au/openspace.

Harris, C. W. and N. T. Dines, eds. 1998. *Time-saver standards for landscape architecture: Design and construction.* New York: McGraw-Hill, Inc.

Harris, H. J., Jr., J. A. Ladowski, and D. J. Worden. 1981. Water-quality problems and management of an urban waterfowl sanctuary. *Journal of Wildlife Management* 45: 16–26.

Harris, L. D., and J. Scheck. 1991. From implications to applications: The dispersal corridor principle applied to the conservation of biology diversity. In *Nature Conservation 2: The Role of Corridors,* eds. D. A. Saunders and R. J. Hobbs, 189–220. Chipping Norton, Australia: Surrey Beatty and Sons.

Harrison, R. L. 1992. Toward a theory of inter-refuge corridor design. *Conservation Biology* 6: 293–295.

Hart, R. 1974. The genesis of landscaping: Two years of discovery in a Vermont town *Landscape Architecture,* 64 (5): 356–362.

Hart, R. 1979. *Children's experience of place.* New York: Irvington.

Hart, R. A. 1987. Children's participation in planning and design: Theory, research, and practice. In *Spaces for children: The built environment and child development,* eds. C. S. Weinstein and T. G. David, 217–237. New York: Plenum Press.

Haskell, B. D., B. G. Norton, and R. Costanza. 1992. What is ecosystem health and why should we worry about it? In *Ecosystem health, new goals for environmental management,* eds. R. Costanza, G. B. Norton, and B. D. Haskell, 3–20. Washington, DC: Island Press.

Hayward, D., M. Rothenberg, and Beasley. 1974. Children's play and urban playground environments: A comparison of traditional, contemporary and adventure playground types. *Environment and Behavior* 6 (2): 131–168.

Henry, J. A., and S. E. Dicks. 1987. Association of urban temperatures with land use and surface temperatures. *Landscape and Urban Planning* 14: 21–29.

Heskell, D. G., A. M. Knupp, and M. C. Schneider. 2001. Nest predator abundance and urbanization. In *Avian ecology and conservation in an urbanizing world,* eds. J. M. Marzluff, R. Bowman, and R. Donnelly, 243–258. Boston: Kluwer Academic.

Hicks, A. L. 1995. *Impervious surface area and benthic macroinvertebrate response as an index of impact from urbanization on freshwater wetlands.* MS Thesis, University of Massachusetts, Amherst, MA.

Hitchmough, J. 1994b. *Urban landscape management.* Australia: Inkata Press.

Hitchmough, J., and J. Woudstra. 1999. The ecology of exotic herbaceous perennials grown in managed, native grassy vegetation in urban landscapes. *Landscape and Urban Planning* 45: 107–121.

Hobaugh, W. C., and J. G. Teer. 1981. Waterfowl use characteristics of flood-prevention lakes in north-central Texas. *Journal of Wildlife Management* 45: 16–26.

Holling, C. S., ed. 1978. *Adaptive environmental assessment and management.* Austria: International Institute for Applied Systems Analysis; New York: John Wiley & Sons, Inc.

Hough, M. 1995. *Cities and natural process.* New York: Routledge.

Howe, L. 1984. *The fragmented forest.* Chicago: University of Chicago Press.

Huang, Y. J., H. Akbari, H. Taha, and S. H. Rosenfeld. 1987. The potential of vegetation in reducing summer cooling loads in residential buildings. *Journal of Climate and Applied Meteorology* 26: 1103–1116.

Hutchinson, R. 1993a. Daily cycles of urban park use: An observational approach. In *Managing urban and high-use recreation settings,* ed. P. Gobster, 7–10. St. Paul, MN: United States Department of Agriculture, North Central Forest Experiment Station.

Hutchinson, R. 1993b. Hmong leisure and recreation activity. In *Managing urban and high-use recreation settings,* ed. P. Gobster, 87–92. St. Paul, MN: United States Department of Agriculture, North Central Forest Experiment Station.

Hutchinson, R. 1994. Women and the elderly in Chicago's public parks, *Leisure Sciences* 16: 229–247.

Intergovernmental Panel on Climate Change. 1995. *Second scientific assessment of climate change: Summary and report.* Cambridge: Cambridge University Press.

Irwin, P.M., W. C. Gartner, and C. C. Phelps. 1990. Mexican-American/Anglo cultural differences as recreation style determinants. *Leisure Sciences* 23: 335–348.

Iverson, L. R. 1991. The forests of Illinois; what do we have and what are they doing for us? *Illinois Natural History Survey Bulletin* 34: 361–374.

Iverson, L. R., and E. A. Cook. 2001. Urban forest cover of the Chicago region and is relation to household density ad income. *Urban Ecosystems* 4: 105–124.

Iverson, L. R., R. L. Oliver, D. P. Tucker, P. G. Risser, C. D. Burnett, and R. G. Rayburn. 1989. *The forest resources of Illinois: An atlas and analysis of spatial and temporal trends.* Illinois Natural History Special Publication 11. Champaign, IL: Illinois Dept. of Energy and Natural Resources in conjunction with Illinois Council on Forestry Development.

Jacobs, J. 1961. *Death and life of great American cities.* New York: Random House.

Jeffrey, C. R. 1971. *Crime prevention through environmental design.* Beverly Hills, CA: Sage.

Jim, C. Y. 1998a. Soil characteristics and management in an urban park in Hong Kong. *Environmental Management* 22: 683–695.

Jim, C. Y. 1998b. Impacts of intensive urbanization on trees in Hong Kong. *Environmental Conservation* 25: 146–159.

Jim, C. Y. 1998c. Urban soil characteristics and limitations for landscape planting in Hong Kong. *Landscape and Urban Planning* 40: 235–249.

Jokimäki, J. 1999. Occurrence of breeding bird species in urban parks: Effects of park structure and broad-scale variables. *Urban Ecosystems* 3: 21–34.

Jokimäki, J., and E. Huhta. 2000. Artificial nest predation, and abundance of birds along an urban gradient. *Condor* 102: 838–847.

Jokimäki, J., and J. Suhonen 1998. Distribution and habitat selection of wintering birds in urban environments. *Landscape and Urban Planning* 39: 253–263.

Jongman, R. and G. Pungetti. 2004. *Ecological networks and greenways: Concept, design, implementation.* New York: Cambridge University Press.

Johnson, B. and K. Hill. 2002. *Ecology and design.* Washington, DC: Island Press.

Kalnoky, H. 1997. *Perceptions and attitudes towards the use of alien species in the designed landscape of Britain.* MA Thesis, Department of Landscape, University of Sheffield.

Kaplan, R., and S. Kaplan. 1989. *The Experience of nature: A psychological perspective.* Cambridge: Cambridge University Press.

Kaplan, R., S. Kaplan, and R. Ryan. 1998. *With people in mind: Design and management of everyday nature.* Washington, DC: Island Press.

Kaplan, S. 1995. The restorative benefits of nature: Toward an integrative framework. *Journal of Environmental Psychology* 15: 169–182.

Kaplan, S., and J. F. Talbot. 1983. Psychological benefits of a wilderness experience. In *Behavior and the natural environment,* eds. I. Altman and J. F. Wohlwill, 163–203. New York: Plenum. Press.

Karr, J. R., and R. R. Roth. 1971. Vegetation structure and avian diversity in several new world areas. *American Naturalist* 105: 423–435.

Keals, N., and J. D. Majer. 1991. The conservation of ant communities along the Wubin-Perenjori corridor. In *Nature Conservation 2: The Role of Corridors,* eds. D. A. Saunders and F. J. Hobbs, 387–393. Chipping Norton, Australia: Surrey Beatty and Sons.

Kelcey, J. G. 1978. The green environment of inner urban areas. *Environmental Conservation* 5: 197–203.

Keller, C. M. E., C. S. Robbins, and J. S. Hatfield. 1993. Avian communities in riparian forests of different widths in Maryland and Delaware. *Wetlands* 13: 137–144.

Kendle, T., and S. Forbes. 1997. *Urban nature conservation.* ogy patterns and processes: A case study of the flora of the City of Plymouth, Devon, U.K. *Journal of Biogeography* 26: 1281–1298.

Kindvall, O. 1996. Habitat heterogeneity and survival in a bush cricket metapopulation. *Ecology* 77: 207–214.

Kirkby, M. 1989. Nature as refuge in children's environments. *Children's Environments Quarterly* 6 (1): 7–12.

Knowler, D. 1984. *The falconer of Central Park.* New York: Karz-Cohl.

Koh, L. P., and N. S. Sodh. 2004. Importance of reserves, fragments, and parks for butterfly conservation in a tropical urban conservation. *Ecological Applications* 14: 1695–1708.

Kostel-Houghes, F., T. P. Young, and M. M. Carriero. 1998. Forest leaf litter quantity and seedling occurrence along an urban-rural gradient. *Urban Ecosystems* 2: 263–278.

Kowarik, I. 1995b. Time lags in biological invasions with regard to the success and failure of alien species. In *Plant invasions: General aspects and special problems,* eds. P. Pysek, K. Prach, M. Remanek, and M. Wade, 15–38. Amsterdam: SPB Academic Publishing.

Kuo, F. E., B. Magdalena, and W. C. Sullivan. 1998. Transforming inner city landscapes: trees, sense of safety and preference. *Environment and Behavior* 30 (1): 28–59.

La Polla, V. N., and G. W. Barret. 1993. Effects of corridor width and presence on the population dynamics of the meadow vole Microtus pennsylvanicus. *Landscape Ecology* 8: 25–27.

Lake, J. C., and M. R. Leishman. 2004. Invasion success of exotic plants in natural ecosystems: The role of disturbance, plant attributes and freedom from herbivory. *Biological Conservation* 117: 215–226.

Lancaster, R. K., and W. E. Rees. 1979. Bird communities and the structure of urban habitats. *Canadian Journal of Zoology* 57: 2358–2368.

Landsberg, H. E., 1981. *The urban climate.* New York: Academic Press.

Lane, C., and S. Raab. 2002. Great river greening: A case study in urban woodland restoration. *Ecological Restoration* 20: 243–251.

Laurance, W. F. 1990. Comparative responses of five arboreal marsupials to tropical rain forest mammals. *Conservation Biology* 5: 79–89.

Lepczyk, C. A., A. Mertig, and J. Liu. 2003. Landowners and cat predation across rural-to-urban landscapes. *Biological Conservation* 115: 191–201.

Levenson, James B. 1981. Woodlots as biogeographic islands in southeastern Wisconsin. In *Forest island dynamics in man-dominated landscapes,* eds. R. L. Burgess and D. M. Hobbs, 14–39. New York: Springer-Verlag.

Levins, R. 1969. Some demographic and genetic consequences of environmental heterogeneity for biological control. *Bulletin of the Entomological Society of America* 15: 237–240.

Lichter, J. M., and P. A. Lindsey. 1994. The use of surface treatments for the prevention of soil compaction during site construction. *Journal of Arboriculture,* 20 (4): 205–209.

Lindenmayer, D. B. 1998. *The design of wildlife corridors in wood production forests.* Occasional Paper Series, Forest Issues Paper, 4. Sydney: New South Wales National Parks and Wildlife Service.

Lindenmeyer D. B. 1994. Timber harvesting impacts on wildlife: Implications for ecological sustainable forest use. *Australian Journal of Environmental Management* 1: 56–68.

Lindenmeyer, D. B., and J. F. Franklin. 2002. *Conserving forest biodiversity: A comprehensive multiscaled approach.* Washington, DC: Island Press.

Linehan, J., R. Jones, and J. Longcore. 1967. Breeding-bird populations in Delaware's urban woodlots. *Audubon Field Notes* 21: 641–646.

Little, C. E. 1990. *Greenways for America.* Baltimore, MD: The John Hopkins University Press.

Livingston, M., W. W. Shaw, and L. K. Harris. 2003. A model for assessing wildlife habitats in urban landscapes of eastern Pima County, Arizona (USA). *Landscape and Urban Planning* 64: 131–144.

Loeb, R. E. 1982. Reliability of the New York City Department of Parks and Recreation's forest records. *Bulletin of the Torrey Botanical Club* 109: 537–541.

Lokemoen, J. T., and T. A. Messmer. 1994. *Locating, constructing and managing islands for nesting waterfowl.* Logan, UT: The Berryman Institute.

Loukaitou-Sideris, A. 1995. Urban form and social context: Cultural differentiation in the uses of urban parks. *Journal of Planning Education and Research* 14: 89–102.

Loukaitou-Sideris, A. 2003. Children's common grounds: A study of intergroup relations among children in public settings. *Journal of the American Planning Association* 69 (2): 130–144.

Loukaitou-Sideris, A., R. Liggett, and H. Iseki. 2002. The geography of transit crime. *Journal of Planning Education and Research* 22 (2): 135–151.

Lovejoy, T., and D. Oren. 1981. The minimum critical size of ecosystems. In *Forest island dynamics in man-dominated landscapes,* eds. R. L. Burgess and D. M. Hobbs, 7–12. New York: Springer-Verlag.

Luck, M., and J. Wu. 2002. A gradient analysis of urban landscape pattern: A case study from the Phoenix metropolitan region, Arizona, USA. *Landscape Ecology* 17: 327–339.

Lynch, J., W. F. Carmen, D. A. Saunders, and P. Cale. 1995. Short-term use of vegetated road verges and habitat by four bird species in the central wheatbelt of Western Australia. In *Nature conservation 4: The role of networks in conservation,* eds. D. A. Saunders, J. L. Craig, and E. M. Mattiske, 34–42. Chipping Norton, Australia: Surrey Beatty and Sons.

Lynch, K. ed. 1977. *Growing up in cities: Studies of the spatial envi-*

ronment of adolescence in Cracow, Melbourne, Mexico City, Salta, Toluca, and Warszawa. Cambridge, MA: MIT Press.

Maestas, J. D., R. L. Knight, and W. C. Gilbert. 2003. Biodiversity across a rural land-use gradient. *Conservation Biology* 17: 1425–1434.

MacArthur, D. W., and E. O. Wilson. 1967. *The theory of island biogeography.* Princeton, NJ: Princeton University Press.

MacArthur, R. H., and J. W. MacArthur. 1961. On bird species diversity. *Ecology* 42: 594–598.

Machmer, M. M., and C. Steeger. 1993. *The ecological role of wildlife tree users in forest ecosystems, First Draft.* Prince George, BC: Ministry of Forests.

Marsh, W. M. 1991. *Landscape planning environmental applications.* 2nd ed. New York: John Wiley & Sons, Inc.

Martin, C. A., P. S. Warren, and A. P. Kinzig. 2004. Neighborhood socioeconomic status is a useful predictor of perennial landscape vegetation in residential neighborhoods and embedded small parks of Phoenix, AZ. *Landscape and Urban Planning* 69: 355–368.

Marzluff, J. M., and K. Ewing. 2001. Restoration of fragmented landscapes for the conservation of birds: A general framework and specific recommendations for urbanizing landscapes. *Restoration Ecology* 9 (3): 280–292.

Maser, C. 1988. *The redesigned forest.* San Pedro, CA: R. & E. Mills.

Matlack, G.R. 1993b. Sociological edge effects: Spatial distribution of human impact in suburban forest fragments. *Environmental Management* 17: 829–835.

McComb, W. C., and R. L. Rumey. 1983. Characteristics and cavity nesting bird use of picloram-created snags in the Central Appalachians. *Southern Journal of Applied Forestry* 7: 34–37.

McDonnell, M. J., and S. T. A. Pickett. 1990. Ecosystem structure and function along urban-rural gradients: An unexploited opportunity for ecology. *Ecology* 71 (4): 1232–1237.

McDonnell, M. J., S. T. A. Pickett, P. Groffman, P. Bohlen, R. V. Pouyat, W. C. Zipperer, R. W. Parmelee, M. M. Carreiro, and K. Medley. 1997. Ecosystem processes along an urban-to-rural gradient. *Urban Ecosystems* 1: 21–36.

McDonnell, M. J., S. T. A. Pickett, and R. V. Pouyat. 1993. The application of the ecological gradient paradigm to the study of urban effects. In *Humans as components of ecosystems: Subtle human effects and the ecology of populated areas,* eds. M. J. McDonnell and S. T. A. Pickett, 175–189. New York: Springer-Verlag.

McGarigal, K., and W. C. McComb. 1992. Streamside versus upslope breeding bird communities in the central Oregon Coast Range. *Ecological Monographs* 65: 235–260.

McHarg, I. L. 1969. *Design with nature.* Garden City, NY: The American Museum of Natural History by The Natural History Press.

McIntyre, N., K. Knowlez-Yanez, and D. Hope. 2000. Urban ecology as an interdisciplinary field: Differences in the use of "urban" between the social and natural sciences. *Urban Ecosystems* 4: 5–24.

McPherson, E. G. 1994. Cooling urban heat islands with sustainable landscapes. In *The ecological city,* eds. R. H. Platt, R. A. Rowntree, and P. C. Muick, 151–171. Amherst: University of Massachusetts Press.

McPherson, E. G. 1995. Net benefits of healthy and productive urban forests. In *Urban forest landscapes: Integrating multidisciplinary perspectives,* ed. G. Bradley, 180–199. Seattle: University of Washington Press.

McPherson, E. G. 1998. Structure and sustainability of Sacramento's urban forest. *Journal of Arboriculture* 24 (4): 174–189.

McPherson, E. G., D. Nowak, and R. A. Rowntree, eds. 1994. *Chicago's urban forest ecosystem: Results of the Chicago urban forest climate project.* General Technical Report NE-186. Radnor, PA: USDA Forest Service Northeastern Forest Experiment Station.

McPherson, E. G., D. J. Nowak, P. L. Sacamano, S. E. Prichard, and E. M. Makra. 1993. *Chicago's evolving urban forest.* General Technical Report NE-169. Radnor, PA: United States Department of Agriculture Forest Service Northeastern Forest Experiment Station.

McPherson, E. G., and J. R. Simpson. 1999. Reducing air pollution through urban forestry. *Proceedings of the California Forest Pest Council,* November 18–19. 1999, Sacramento, CA. No page numbers.

Mech, S. G., and J. G. Hallett. 2001. Evaluating the effectiveness of corridors: A genetic approach. *Conservation Biology* 15: 467–474.

Medley, K. E., M. J. McDowell, and S. T. A. Pickett. 1995. Human influences on forest-landscape structure along an urban-to-rural gradient. *Professional Geographer* 47: 159–168.

Mehrabian, A., and J. A. Russell. 1974. *An approach to environmental psychology.* Cambridge, MA: MIT Press.

Michael, S. E., and R. B. Hull, IV. 1994. *Effects of vegetation on crime in urban parks.* Savoy, IL: International Society of Arboriculture Research Trust.

Miller, R. W. 1988. *Urban forestry: Planning and managing urban greenspaces.* Englewood Cliffs, NJ: Prentice Hall.

Mills, G. S., J. B. Dunning, and J. M. Bates. 1989. Effects of urbanization on breeding bird community structure in southwestern desert habitats. *Condor* 91: 416–428.

Miltner, R. J., D. W. White, and C. Yoder. 2004. The biotic integrity of streams in urban and suburbanizing landscapes. *Landscape and Urban Planning* 69: 87–100.

Minnesota Interagency Wetlands Group. 2000. *Wildlife habitat improvements in wetlands: Guidance for soil and water conservation districts and local government units in certifying and approving wetland conservation act exemption proposals.* St. Paul: Minnesota Board of Water and Soil Resources. www.bwsr.state.mn.us/wetlands/wca/habitatexemption.pdf

Moore, M. K. 1977. Factors contributing to blowdown in streamside leave strips on Vancouver Island. *Land Management Report* 3: 1–34. Vancouver: British Columbia Forest Service.

Moore, R., S. M. Goltsman, and D. S. Iacofano, eds. 1992. *Play for all guidelines.* 2nd ed. Berkeley, CA: MIG Communications.

Moore, R. C. 1995. Children Gardening: First steps towards a sustainable future. *Children's Environments* 12 (2): 222–232.

Morneau, F., R. Decarie, R. Pelletier, D. Lambert, J.-L. DesGranges, and J.-P. Savard. 1999. Changes in breeding bird richness and abundance in Montreal parks over a period of 15 years. *Landscape and Urban Planning* 44: 111–121.

Mörtberg, U. M. 2001. Resident bird species in urban forest remnants; landscapes and habitat perspectives. *Landscape Ecology* 16: 193–203.

Murcia, C. 1995. Edge effects in fragmented forests: Implications for conservation. *Trends in Ecology & Evolution* 10: 58–62.

Musacchio, L. 2004. The challenge of integrating ecological concepts and principles into public policy for riparian corridor protection. Paper presented at Law, Landscapes, and Ethics Symposium, Spain.

Musacchio, L. R., and J. Wu. 2002. Cities of resilience: Integrating ecology into urban design, planning, policy, and management. Special session abstract. *Proceedings of the 87th Annual Meeting of the Ecological Society of America/14th Annual Conference of the Society for Ecological Restoration, Tucson, Arizona.* Washington, DC: Ecological Society of America.

Musacchio, L. R. and J. Wu. 2004. Collaborative landscape-scale ecological research: Emerging trends in urban and regional ecology. *Urban Ecosystems* 7 (3): 175–178.

Nassauer, J. I. 1992. The appearance of ecological systems as a matter of policy. *Landscape Ecology* 6: 239–250.

Nassauer, J. I. 1993. Ecological function and the perception of suburban residential landscapes. In *Managing urban and high-use recreation settings,* ed. P. Gobster, 55–60. St. Paul, MN: United States Department of Agriculture, North Central Forest Experiment Station.

Nassauer, J. I. 1995. Messy ecosystems, orderly frames. *Landscape Journal* 14: 161–170.

Nassauer, J. I. 1997. Cultural sustainability: Aligning aesthetics and ecology. In *Placing Nature,* ed. J. I. Nassauer, 65–83. Washington, DC: Island Press.

Naveh, Z. 2000. What is holistic landscape ecology? A conceptual introduction. *Landscape and Urban Planning* 50: 7–26.

Naveh, Z., and A. Lieberman. 1994. *Landscape ecology: Theory and application.* 2nd ed. New York: Springer-Verlag.

Niemelä, J. 1999. Ecology and urban planning. *Biodiversity and Conservation* 8: 119–131.

Norton, G. B. 1992. A new paradigm for environmental management. In *Ecosystem health: New goals for environmental management,* eds. R. Costanza, B. G. Norton, and B. D. Haskell, 23–41. Washington, DC: Island Press.

Noss, R. F., M. A. O'Connell, and D. D. Murphy. 1997. *The science of conservation planning: Habitat conservation under the Endangered Species Act.* Washington, DC: Island Press.

Opdam, P., J. Verboom, and R. Pouwels. 2003. Landscape cohesion: An index for the conservation potential of landscapes for biodiversity. *Landscape Ecology* 18, 2: 113–126.

Osborne, P. 1984. Bird numbers and habitat characteristics in farmland hedgerows. *Journal of Applied Ecology* 21: 63–82.

Parker, J. 1981. *Uses of landscaping for energy conservation.* Sponsored by the Governor's Energy Office of Florida. Miami: Department of Physical Sciences, Florida International University, Miami.

Paton, P. W., and W. B. Crouch III. 2002. Using the phenology of pond-breeding amphibians to develop conservation strategies. *Conservation Biology* 16: 194–204.

Peck, S. 1998. *Planning for biodiversity: Issues and examples.* Washington, DC: Island Press.

Pickett, S. T. A., J. Wu, and M. L. Cadenasso. 1999. Patch dynamics and the ecology of disturbed ground: A framework for synthesis. In *Ecosystems of disturbed ground, ecosystems of the world 16,* ed. L. R. Walker, 107–122. Amsterdam: Elsevier.

Pickett, S. T. A., and M. L. Cadenasso. 1995. Landscape ecology: Spatial heterogeneity in ecological systems. *Science* 269: 331–334.

Pinkham, R. 2001. Daylighting: New life for buried streams. *Stormwater* 2: 7. www.forester.net.sw_0111_daylighting.html.

Platt, R., R. Rowntree, and P. Muick eds. 1994. *The ecological city: Preserving and restoring biodiversity.* Amherst: The University of Massachusetts Press.

Porneluzi, P., J. C. Bendnarz, L. J. Goodrich, N. Zawada, and J. Hoover. 1993. Reproductive performance of territorial ovenbirds occupying forest fragments and a contiguous forest in Pennsylvania. *Conservation Biology* 7: 618–622.

Pouyat, R. V., and M. J. McDonnell. 1991. Heavy metal accumulations in forest soils along an urban-rural gradient in southeastern New York, USA. *Water, Air and Soil Pollution* 57–58: 797–807.

Pouyat, R. V., M. J. McDonnell, and S. T. A. Pickett. 1997. Litter decomposition and nitrogen mineralization in oak stands along an urban-rural land use gradient. *Urban Ecosystems* 1 (2): 117–131.

Pouyat, R. V., M. J. McDonnell, S. T. A. Pickett, P. M. Groffman, M. M. Carreiro, R. W. Parmelee, K. E. Medley, and W. C. Zipperer. 1995. Carbon and nitrogen dynamics in oak stands along an urban-rural land use gradient. In *carbon forms and functions in forest soils,* eds. J. M. Kelly and W. W. McFee, 569–587. Madison, WI: Soil Science Society of America Monograph.

Pouyat, R. V., R. W. Parmelee, and M. M. Carreiro. 1994a. Environmental effects of forest soil-invertebrate and fungal densities in oak stands along an urban-rural land use gradient. *Pedobiologia* 38: 385–399.

Profous, G. V., and R. E. Loeb. 1984. Vegetation and plant communities of Van Cortlandt Park, Bronx, New York. *Bulletin of the Torrey Botanical Club* 111: 80–89.

Profous, G. V., R. A. Rowntree, and R. E. Loeb. 1988. The urban forest landscape of Athens, Greece: Aspects of structure, planning and management. *Arboricultural Journal* 12: 83–107.

Project for Public Spaces. 2000. *How to turn a place around: A handbook for creating successful public spaces.* New York: Project for Public Spaces.

Purcell, A. T., and R. J. Lamb. 1998. Preference and naturalness: An ecological approach. *Landscape and Urban Planning* 42: 57–66.

Pyšek, P. 1998. Alien and native species in Central European urban floras: A quantitative comparison. *Journal of Biogeography* 25: 155–163.

Pyšek, P. 1989. On the richness of Central European flora. *Preslia Praha.* 61: 329–334.

Pyšek, P. 1993. Factors affecting the diversity of flora and vegetation in central European settlements. *Vegetatio* 106: 89–100.

Quigley, M. F. 2003. Franklin Park: 150 years of changing design, disturbance, and impact on tree growth. *Urban Ecosystems* 6: 223–235.

Quigley, M. F. 2004. Street trees and rural conspecifics: Will long-lived trees reach full size in urban conditions? *Urban Ecosystems:* 7(1) 29–39.

Raedeke, D. A. M., and K. J. Raedeke. 1995, Wildlife habitat design in urban forest landscapes. In *Urban forest landscapes integrating multidisciplinary perspectives,* ed. G. A. Bradley, 139–149. Seattle: University of Washington Press.

Raffetto, J. 1993. Perceptions of ecological restorations in urban parks policy recommendations and directions: A Lincoln Park case study. In *Managing urban and high-use recreation settings,* ed. P. Gobster, 61–67. St. Paul, MN: United States Department of Agriculture, North Central Forest Experiment Station.

Ramadhyani, R. 2004. Comments on draft manuscript, e-mail to Ann Forsyth, September.

Ramsey, L. F., and J. D. Preston. 1990. Impact Attenuation Performance of Playground Surfacing Materials. Washington, DC: Consumer Product Safety Commission.

Ranta, P., A. Tankskanen, J. Niemelä, and A. Kurtto. 1999. Selection of islands for conservation in the urban archipelago of Helsinki, Finland. *Conservation Biology* 13: 1293–1300.

Recher, H. F., J. Shields, R. Kavanagh, and G. Webb. 1987. Retaining remnant mature forest for nature conservation at Eden, New South Wales. In *Nature conservation: The role of remnants of native vegetation,* eds. D. A. Saunders, G. W. Arnold, A. A. Burbridge, and A. J. Hopkins, 177–194. Chipping Norton: Surrey Beatty and Sons.

Remmert, H. ed. 1994. *Minimum animal populations.* Berlin: Springer.

Richards, N. A., J. R. Mallette, R. J. Simpson, and E. A. Macie. 1984. Residential greenspace and vegetation in a mature city: Syracuse, New York. *Urban Ecology* 8: 99–125.

Reiner, R., and T. Griggs. 1989. The Nature Conservancy undertakes riparian restoration projects in California. *Restoration and Management Notes* 7: 3–8.

Rochelle, J. A., L. A. Lehmann, and J. Wisniewski, eds. 1999. *Forest wildlife and fragmentation: Management and implications.* Leiden, The Netherlands: Brill.

Rogers, E. B. 1987. *Rebuilding Central Park: A management and restoration plan.* Cambridge, MA: MIT Press.

Rottenborn, S. C. 1999. Predicting the impacts of urbanization on riparian bird communities. *Biological Conservation* 88: 289–299.

Rubin, K. H., G. G. Fein, and B. Vandenberg. 1983. Play. In vol. 4 of *Handbook of child psychology,* ed. E. M. Hetherington, 694–759. New York: John Wiley & Sons, Inc.

Ryan, R.L. 2000. A people-centered approach to designing and managing restoration projects: insights from understanding attachment to urban natural areas. In *Restoring nature: Perspectives from the social sciences and humanities,* eds. P. H. Gobster and R. B. Hull, 209–228. Washington. DC: Island Press.

Sarkissian, W., A. Cook, and K. Walsh. 1997. *Community participation in practice: A practical guide.* Murdoch, Western Australia: Institute for Science and Technology Policy, Murdoch University.

Sarkissian Associates Planners. 2000. *Australian capital territory crime prevention and urban design resource manual.* Prepared in collaboration with ACT Planning and Land Management. Canberra: ACT Department of Urban Services.

Sauer, L. 1993. The north woods of Central Park. *Landscape Architecture* (March), 83(3): 55–57.

Saunders, D. A., and C. P. de Rebeira. 1991. Values of corridors to avian populations in a fragmented landscape. In *Nature Conservation 2: The role of corridors,* eds. D. A. Saunders and R. J. Hobbs, 221–240. Chipping Norton, New South Wales, Australia: Surrey Beatty and Sons.

Saunders, D. A., and R. Hobbs. 1991. The role of corridors in conservation: what do we know and where do we go? In Nature Conservation 2: *The role of corridors,* eds. D. A. Saunders and R. J. Hobbs, 421–427. Chipping Norton, New South Wales, Australia: Surrey Beatty and Sons.

Saunders, D. A., R. J. Hobbs, and C. R. Margules. 1991. Biological consequences of ecosystem fragmentation: A review. *Conservation Biology* 5: 18–32.

Schroeder, H. W. 1982, Preferred features of urban parks and forests. *Journal of Arboriculture* 8 (12): 317–322.

Schroeder, H. W. 1989. Environment, behavior and design research on urban forests. In vol. 2 of *Advances in environment, behavior and design,* eds. E. H. Zube and G. T. Moore, 87–117. New York: Plenum.

Schroeder, H. W., and L. M. Anderson. 1984. Perception of personal safety in urban recreation sites. *Journal of Leisure Research* 2: 87–117.

Schroeder, H. W., and T. L. Green. 1985. Public preference for tree density in municipal parks. *Journal of Arboriculture* 11 (9): 272–277.

Schueler, T. 1995. *Site planning for urban stream protection.* Washington, DC: Metropolitan Washington Council of Governments and the Center for Watershed Protection.

Scott, D., and W. Munson. 1994. Perceived constraints to park usage among individuals with low incomes. *Journal of Park and Recreation Administration* 12 (4): 79–96.

Scott, K. I., E. G. McPherson, and J. Simpson. 1998. Air pollution uptake by Sacramento's urban forest. *Journal of Arboriculture* 24 (4): 224–233.

Scotts, D. J. 1991. Old-growth forests: Their ecological characteristics and value to forest-dependent vertebrate fauna of south-east Australia. In *Conservation of Australia's forest fauna,* ed. D. Lunney, 147–159. Sydney, Australia: Royal Zoological Society of New South Wales.

Semlitsch, R. D., and J. R. Bodie. 2003. Biological criteria for buffer zones around wetlands and riparian for amphibians and reptiles. *Conservation Biology* 12: 1219–1228.

Shafer, C. L. 1997. Terrestrial nature reserve design at the urban, rural interface. In *Conservation in highly fragmented landscapes,* ed. M. W. Schwartz, 345–378. New York: Chapman and Hall.

Shaw, M. W. 1968. Factors affecting the natural regeneration of sessile oak Quercus petraea in North Wales. II. Acorn losses and germination under field conditions. *Journal of Ecology* 56: 647–666.

Shepherd, T. G., M. J. Saxon, D. B. Lindenmayer, T. W. Norton, and H. P. Possingham. 1992. *A proposed management strategy for the Nalbaugh special prescription area based on guiding ecological principles,* South East Forest Series no. 2. Threatened Species Research. Sydney: NSW National Parks and Wildlife Service.

Simberloff, D., J. Farr, J. Cox, and D. Mahlman. 1992. Movement corridors: Conservation bargains or poor investments. *Conservation Biology* 6 (4): 493–504.

Simmons, D. A. 1994. Urban children's preferences for nature: Lessons for environmental education. *Children's Environments* 11 (3): 194–203.

Singer, M. C., and L. E. Gilbert. 1978. Ecology of butterflies in the urbs and suburbs. In *Perspectives in urban entomology,* eds. G. W. Frankie and C. S. Koehler, 1–11. New York: Academic Press.

Smilansky, S. 1968. *The effects of sociodramatic play on disadvantaged preschool children.* New York: John Wiley & Sons, Inc.

Smith, D. S., and P. C. Hellmund, eds. 1993. *Ecology of greenways.* Minneapolis: University of Minnesota Press.

Smith, W. H. 1980. Urban vegetation and air quality. In *Proceedings of the National Urban Forestry Conference,* Volume 1, Session 1, ed. E Hopkins, 284–305. Syracuse: State University of New York.

Smith, W. H., and L. S. Dochinger. 1976. Capability of metropolitan trees to reduce atmospheric contaminants. In *Better trees for metropolitan landscapes,* eds. F.S. Santamour, H. D. Gerhold, S. Little, 49–59. USDA Forest Service, General Technical Report NE-22. Upper Darby, PA: Dept. of Agriculture, Forest Service, Northeastern Forest Experiment Station.

Snyder, C. D., J. A. Young, R. Villella, and D. P. Lemarié. 2003. Influences of upland and riparian land use patterns on stream biotic integrity. *Landscape Ecology* 18: 647–664.

Sodhi, N. S., C. Briffett, L. Kong, and B. Yuen. 1999. Bird use of linear areas of a tropical city: Implications for park connector design, and management. *Landscape and Urban Planning* 45: 123–130.

Sommer, R. 1997. Further cross-national studies of tree form preference. *Ecological Psychology* 9 (2): 153–160.

Sommer, R., and J. Summit. 1996. Cross-national rankings of tree shape. *Ecological Psychology* 8, 4: 327–341.

Sorace, A. 2002. High density of bird and pest species in urban habitats and the role of predator abundance. *Ornis Fennica* 79 (2): 60–70.

Soulé, M. E. 1985. What is conservation biology? *Bioscience* 37: 727–126.

Soulé, M. E. ed. 1987. *Viable populations for conservation.* Cambridge: Cambridge University Press.

Soulé, M. E. 1991. Land use planning and wildlife maintenance. *Journal of the American Planning Association* 57: 313–323.

Soulé, M., and G. Orians. 2001. Conservation biology research: Its challenges and contexts. In *Conservation biology: Research priorities for the next decade,* eds. M. Soulé and G. Orians, 271–286. Washington, DC: Island Press.

Soulé, M. E., D. T. Bolger, A. C. Alberts, J. Wright, M. Sorice, and S. Hill. 1988. Reconstructed dynamics of rapid extinctions of chaparral-requiring birds in urban habitat islands. *Conservation Biology* 2: 75–92.

Spirn, A. 1984. *Granite garden.* New York: Basic Books.

Stalter, R. 1981. A thirty-nine year history of the arborescent vegetation of Alley Park, Queens County, New York. *Bulletin of the Torrey Botanical Club* 108: 485–487.

Stauffer, D. F., and L. B. Best. 1980. Habitat selection by birds of riparian communities. *Journal of Wildlife Management* 44: 1–15.

Stearns, F., and T. Montag, eds. 1974. *The urban ecosystem: A holistic approach.* Stroudsburg, PA: Downden, Hutchingson & Ross.

Steedman, R. J. 1988. Modification and assessment of and index of biotic integrity to quantify stream quality in southern

Ontario. *Canadian Journal of Fisheries and Aquatic Sciences* 45: 492–501.

Steinberg, D. A., R. V. Pouyat, R. W. Parmelee, and P. M. Groffman. 1997. Earthworm abundance and nitrogen mineralization rates along an urban-rural land use gradient. *Soil Biology and Biochemistry* 29: 427–430.

Steinblums, I. J., H. A. Froehlich, and J. K. Lyons. 1984. Designing stable buffer strips for stream protection. *Journal of Forestry* 82: 49–52.

Steiner, F. 2002. *Human ecology.* Washington, DC: Island Press.

Steiner, F. 2000. *The living landscape.* New York: McGraw-Hill.

Stilgoe, J. 1982. *Common landscape of America, 1580 to 1845.* New Haven, CT: Yale University Press.

Stone, B., Jr., and M. O. Rodgers. 2001. Urban form and thermal efficiency: How the design of cities influences the urban heat island effect. *Journal of the American Planning Association* 67 (2): 186–198.

Sydes, C., and J. P. Grime. 1981b. Effects of tree leaf litter on herbaceous vegetation in deciduous woodland. I. Field investigations. *Journal of Ecology* 69: 237–248.

Takana, A., T. Takano, K. Nakamura, and S. Takeuchi. 1996. Health levels influenced by urban residential conditions in a megacity—Tokyo. *Urban Studies* 33 (6): 879–894.

Takano, T., K. Nakamura, and M. Watanabe. 2002. Urban residential environments and senior citizens' longevity in megacity areas: the importance of walkable green spaces. *Journal of Epidemiology and Community Health* 56: 913–918.

Talbot, J. F., and Kaplan, R. 1984. Needs and fears: The response to trees and nature in the inner city. *Journal of Arboriculture* 10 (8): 222–228.

Talbot, J. F., and R. Kaplan. 1986. Judging the sizes of urban open areas: Is bigger always better? *Landscape Journal* 5 (2): 83–92.

Talbot, J. F., and R. Kaplan. 1993. Preferences for nearby natural settings: Ethnic and age variations. In *Managing urban and high-use recreation settings,* ed. P. Gobster, 93–97. St. Paul, MN: United States Department of Agriculture, North Central Forest Experiment Station.

Taylor, A. F., A. Wiley, F. E. Kuo, and W. C. Sullivan. 1998. Growing up in the inner city: Green spaces as places to grow. *Environment and Behavior* 30 (1): 3–27.

Taylor, D. E. 1993. Urban park use: Race, ethnicity and gender. In *Managing urban and high-use recreation settings,* ed. P. Gobster, 82–86. St. Paul, MN: United States Department of Agriculture, North Central Forest Experiment Station.

Thompson, C. W. 2002. Urban open space in the 21st Century. *Landscape and Urban Planning* 60: 59–72.

Thompson, P. S., J. J. D. Greenwood, and K. Greenway. 1993. Birds in European gardens in the winter and spring of 1988–1989. *Bird Study* 40: 120–134.

Tinsley, H. A., D. J. Tinsley, and C. E. Croskeys. 2002. Park usage, social milieu and psychosocial benefits of park use reported by older urban park users from four ethnic groups. *Leisure Sciences* 24: 199–218.

Tischendorf, L., and C. Wissel. 1997. Corridors as conducts for small animals: Attainable distances depending on movement pattern, boundary reaction and corridor width. *Oikos* 79: 603–611.

Towne, M. A. 1998. Open space conservation in urban environments: Lessons from Thousand Oaks, California. *Urban Ecosystems* 2 (2/3): 85–101.

Tuan, Y. F. 1974. *Topophilia: A study of environmental perception, attitudes and values.* Englewood Cliffs, NJ: Prentice Hall.

Turner, M. G. 1989. Landscape ecology: The effect of pattern on process. *Annual Review of Ecology and Systematics* 20: 171–197.

Turner, M. G., R. H. Gardner, and R. V. O'Neill. 2001. *Landscape ecology in theory and practice: Pattern and process.* New York: Springer.

Tzilkowski, W. M., J. S. Wakeley, and L. J. Morris. 1986. Relative use of municipal street trees by birds during summer in State College, Pennsylvania. *Urban Ecology* 9: 387–398.

U.S. Department of Energy. 1996. *Working to cool urban heat islands.* Berkeley National Laboratory PUB-775. Berkeley, CA: U.S. Department of Energy.

Ulrich, R. S. 1986. Human responses to vegetation and landscapes. *Landscape and Urban Planning* 13: 29–44.

Ulrich, R. S., R. F. Simons, B. D. Losito, E. Fiorito, M. A. Miles, and M. Zelson. 1991. Stress recovery during exposure to natural and urban environments. *Journal of Environmental Psychology* 11: 201–230.

Urban Places Project and YouthPower/El Arco Iris. 2000. *The YouthPower guide: How to make your community better.* Amherst: University of Massachusetts Extension.

Valentine, G. 1989. The geography of women's fear. *Area* 21 (4): 385–390.

Van Herzele, A., and T. Wiedemann. 2003. A monitoring tool for the provision of accessible and attractive urban green spaces. *Landscape and Urban Planning* 63: 109–126.

Vemeculen, R., and T. Opsteeg. 1994. Movements of some carabid beetles in road-side verges: Dispersal in a simulation programme. In *Carabid beetles: Ecology and evolution,* ed. K. Desender, 393–399. The Hague: Kluwer Academic Press.

Verbeylen, G., L. de Bruyn, F. Adriaensen, and E. Matthysen. 2003. Does matrix resistance influence Red squirrel (Sciurus vulgaris L 1758) distribution in the urban landscape? *Landscape Ecology* 18: 791–805.

Vizyova, A. 1986. Urban woodlots as islands for land vertebrates: A preliminary attempt on estimating the barrier effects of urban structural units, *Ecology* (CSSR) 5 (4): 407–419.

Wekerle, G. R., and Planning and Development Department Staff. 1992. *A working guide for planning and designing safer urban environments.* Toronto, ONT: City of Toronto

Planning & Development Department.

Weller, M. W. 1978. Management of freshwater marshes for wildlife. In *Freshwater wetlands: Ecological processes and management potential,* eds. R. E. Good, D. E. Whigham, and R. L. Simpson, 267–284. New York: Academic Press.

Whiren, A. P. 1995. Planning a garden from a child's perspective. *Children's Environments* 12 (2): 250–255.

White, C. S., and M. J. McDonnell. 1988. Nitrogen cycling processes and soil characteristics in an urban versus rural forest. *Biogeochemistry* 5: 243–262.

Whyte, W. H. 1980. *The social life of small urban spaces.* Washington, DC: Conservation Foundation.

Wilcove, D. D., C. H. McLellan, and A. P. Dobson. 1986. Habitat fragmentation in a temperate zone. In *Conservation biology: The science of scarcity and diversity,* ed. M. E. Soule, 237–256. Sunderland, MA: Sinauer Associates.

Wildlife Tree Committee of British Columbia. 1992. *Wildlife/danger tree assessor's course workbook.* Victoria, BC: Ministry of Forests; Ministry of Environment; Workers Compensation Board of British Columbia.

Willeke, D. C. 1994. A bigger tent for urban forestry. *Urban Forests* 14 (1): 20.

Willson, J. D., and M. E. Dorcas. 2003. Effects of habitat disturbance on stream salamanders: Implications for buffer zones and watershed management. *Conservation Biology* 17: 763–771.

Wittig, R. 1991. Methodische probleme der bestandsaufnahme der spontanen flora und vegetation von Stadten. *Braun-Blanquetia* 3: 21–28.

Wohlwill, J. F. 1976. Environmental aesthetics: The environment as a source of affect. In vol. 1 of *Human Behavior and Environment,* eds. I. Altman, and J. F. Wohlwill, 37–86. New York: Plenum.

Wright, T. W. J., and J. Parker. 1979. Maintenance and conservation. In *Landscape Techniques,* ed. A. E. Weddle, 204–236. London: Heinemann.

Wu, J. 2004. Personal communication, September 12.

Wu, J., and R. Hobbs. 2002. Key issues and research priorities in landscape ecology: An idiosyncratic synthesis. *Landscape Ecology* 17: 355–365.

Wu, J., and O. L. Loucks. 1995. From the balance-of-nature hierarchical patch dynamics: A paradigm shift in ecology. *Quarterly Review of Biology* 70: 439–466.

Wu, J., and J. L. Vankat. 1995. Island biogeography, theory, and applications. In vol. 2 *Encyclopedia of environmental Biology,* ed. W. A. Niarenberg, 371–379. San Diego, CA: Academic Press.

Yaro, R. D., and T. Hiss. 1996. *A region at risk. The third regional plan for the New York-New Jersey-Connecticut metropolitan area.* Regional Planning Association. New York. Washington DC: Island Press.

Zacharias, J., T. Stathopoulos, and H. Wu. 2001. Microclimate and downtown open space activity. *Environment and Behavior* 33 (2): 296–335.

Zipperer, W. 2002. Species composition and structure of regenerated and remnant forest patches within an urban landscape. *Urban Ecosystems* 6: 271–290.

Zipperer, W. C., and R. V. Pouyat. 1995. Urban and suburban woodlands: A changing forest system. *The Public Garden* 10 (3): 18–20.

Zipperer, W. C., S. M. Sisinni, R. V. Pouyat, and T. W. Foresman. 1997. Urban tree cover: An ecological perspective. *Urban Ecosystems* 1 (4): 229–246.

Zipperer, W. C., J. Wu, R. V. Pouyat, and S. T. A. Pickett. 2000. The application of ecological principles to urban and urbanizing landscapes. *Ecological Applications* 10: 685–688.